讓日本工藝走入下一個百年的設計經營術

日本の工芸を
元気にする！

中川政七 ◎著
雷鎮興 ◎譯

前言

二〇一六年，是中川政七商店創業的三百週年紀念。

為了迎接三百週年，我們進行了各式各樣的專案企劃，其中松岡正剛先生（編輯工學研究所所長）送給中川政七商店一句話：「歷史是為了駛往未來的一面後照鏡」。

截至目前為止，我們公司還沒有任何社訓與家訓，在二〇〇七年之際，我們提出了「為日本工藝注入元氣」的遠景，提供企業再造諮詢的服務項目，致力推動許多專案企劃。

然而，以現在的時間點來看，這些事情都可說是「過去=歷史」。經過了三百年，開始描繪下個一百年，我感覺到為了創造未來，從現在此刻去回顧歷史是必要的事情，因此決定寫下本書。

我辭去了前一份在富士通（Fujitsu）的工作，「轉職」接手家業是在二〇〇二年。此後經歷波濤洶湧的十五年，才有了現在的中川政七商店，但是在漫長三百年的歷史歲月裡，這十五年只不過占了二十分之一而已。

這次寫這本書時，我翻出了十五年來所有的筆記與記事本，全部重新看過一遍。雖然只不過十五年而已，我卻再次明白最初描繪的藍圖，在歷經無數次的挫折，改變經營形態，才得以成為現在的樣貌。

再稍微拉長時間軸來看，由我開始著手工工藝再造的這份事業，也與為了奈良晒[1]永續發展盡心竭力的第十代[2]先人政七的做法產生連結與共鳴。

我本來就毫不拘泥任何事物，個性總是保持著輕鬆，也不在意前規與慣例就接手了這項事業。因此，對於背負三百年老店的重擔，老實說，幾乎沒有感到任何壓力。

然而這一次，得知在西元一七四九年（寬延二年），中川政七商店的先人於春日大社奉獻的石燈籠，依然完整保存在參道上，我拜見過後，更加感到這些歲月化為了一種更真實的存在。歷史與未來正緊緊相繫著。

1　指慶長年間（西元一五九六年至一六一五年）奈良地區所生產上等質地的漂白麻布。
2　明治四十三年（西元一九一〇年）中川政七第十代致力振興奈良晒。

本書將會提到中川政七商店過去三百年的歷史與未來一百年的藍圖。其中有許多內容非常適合一般企業參考，包括如何做好「家族企業」或「偏鄉的中小企業」，以及提到「遠景」與「商業模式」等共通的重要因素。

日本是世界上獨一無二擁有最多長壽企業的國家。當然，現存的這些長壽企業，全部都是由第一年開始經營的，而今後即將誕生的新公司，相信其中也有許多能歷經百年，成為老字號企業。企業的任務之一，就是能永續經營。期盼本書能為有志成為未來百年老店的企業帶來一些啟發，這是本書最大的心願。

中川政七商店 十三代 中川政七

二〇一七年三月吉日

目次

第三章 遠景誕生 103

第七章 為日本工藝注入元氣！ 245

序

令人意外地，取消股票上市計劃

記得那天，我一早就開始緊張。前往野村證券公司，必須對著一字排開的相關人士道歉。雖然在會談之前，我就先以電話連絡描述大致內容，但是還是必須親自開口告訴大家這件事情。

「公司將取消股票上市掛牌的申請。」

我做好覺悟準備談這件事。接著，帶著比想像中還要平靜的心情，說明為何在前往證券交易所申請前的這個時機，決定停止申請上市的理由，以及一直以來得到大家協助與指導，表達由衷感謝之意。

在過去的兩年裡，負責協助申請上市業務的主幹事野村證券公司，以及實施會計稽核的德勤會計師事務所，為了股票上市一起進行準備工作。對公司與我而言，許多事情都是初次體驗，這兩間公司在這段期間給予諸多細心協助，準備了龐大數量的文件資料，整建公司內部的管理制度。

當然，我預計支付所有的相關費用，證券公司與會計師事務所也做好了準備，進行後續預計交易的業務協助工作。因此，一旦終止上市掛牌的申請，一切的發展將完全改變。我看到了參與這項專案計劃，一起積極準備的團隊伙伴們露出了失望的神情。

即使如此，我判斷當時如果就這樣順勢掛牌上市，自己最後一定會後悔。身為經營者，我自認有一項優點，就是或多或少憑著直覺，一旦在通盤檢討做決策之後，就不會再為無關緊要的事情煩惱。所以在這件事上，我相信自己的判斷。

以結論來說，我的杞人憂天就這樣結束了。事實上，雖然不確定大家如何看待這件事情，但野村證券公司與德勤會計師事務所的承辦人員也沒露出過度絕望的神情，只是稍微失望地簡單回覆：「在申請前一刻放棄上市的機會，雖然沒有前例可供參考，但是我們尊重您的決定。這次有些遺憾，希望下次還有機會能為您服務。」與其說糾結於結束，我反而感覺出他們仍期盼下一次合作的態度。

因此，我在二〇一六年二月，就這樣在意外中，正式決定終止了上市申請，如果要用一句話來簡單說明，那就是當時的情勢已有所改變。

之所以興起上市掛牌的念頭，是為了讓中川政七商店在日本工藝業界成為最閃耀的一顆星。中川政七商店企圖透過諮詢、直營店與展覽來協助商品流通，並且在日本全國的工藝產地，打造充滿活力的工藝製造商，致力推動讓它成為最閃耀的一顆星。如此一來，我們自己本身也會在日本的工藝業界成為最耀眼的一顆星。為此，我們必須照亮大家向前走的道路，而公司股票上市就是立竿見影，最有效的一種方法。

該如何做，才能讓一般人認為賺不了錢、跟不上時代的工藝產業，隨著公司的經營方式成長茁壯，並且受到社會大眾認同。由於投資人會去觀察企業的成長性來選購股票，所以每一位股東的存在，正代表了他對中川政七商店與工藝的期待——因此當時我才想透過公司上市的方式來證明這一點。

另一方面，一開始我也瞭解，伴隨著公司上市所帶來的一些缺點。除了應遵守證券交易所制定的規則，在經營的同時，也需考量不讓多數股東出現不同的聲音，決策速度會因此變得遲緩，經營上的自由度受到限制也將難以避免。甚至工作負擔與管理成本都會大幅增加。所以回頭看當時準備上市的時間點，這些伴隨而來的缺點早已多過於優點了。

然而在那之後，公司面臨的情況又有所改變了。二〇一五年十月左右時，我們公司以優異的經營策略，獲頒提高收益的企業獎項「波特獎」（Porter Prize），同時電視台的財經節目與企管雜誌，相繼播出與報導中川政七商店，以及我這位社長的相關新聞。因此，比起過去更是增加了許多曝光率。

一直以來，對工藝與設計有興趣的人來說，僅僅停留在認識中川政七商店這個名字的階段而已。以商業的角度說得更極端一些，在以男性為主的企業人，以及準備進入企業的學生們之間，中川政七商店的知名度依然不高。為此，我們在招募員工時也下了不少苦工。

榮獲「波特獎」獎項與在財經媒體曝光就成為了一大契機，以傳統工藝為基底的SPA（製造零售業）這項獨特的經營模式廣受好評之後，中川政七商店與工藝產業受到了高度矚目。除了公司上市這個方法以外，我們終於發現能夠成為最閃耀一顆星的道路。有了這樣的結果，我們獲得了能與許多優秀人才一起共事的機會，而這也是我取消公司上市的理由之一。

另外一項理由是，一旦成為發行股票的上市公司之後，公司就必須從事「一般的經營」。於是，愈接近申請上市的日子，這層憂慮就不斷擴大。從我回來繼承家業這十五年之間，中川政七商店業務的拓展，幾乎都是從我的隨機應變而開始，雖然我請教了諸多先進意見與調查研究，但最終還是靠自己判斷。如果問我該以什麼為判斷基準，我最後也只會回答靠「直覺」。

證券交易所要求上市公司應重視決策過程，並遵循公司治理守則，如此一來勢必走向「一般的經營」這條路。我當然清楚世上有相當多企業將普通的經營做得好，創造傲人的業績，我只是單純驚覺，目前的中川政七商店如要實現「為日本工藝注入元氣！」這項遠景，只憑藉一般的經營、一般的努力是無法實現的。

比起公司上市之後帶來錄取優秀人才的好處，我卻更擔心選擇一般的經營伴隨而來的更多缺點。於是，我下了最終決斷。而這項抉擇是否正確，現在我並沒有辦法做出結論。

不過，我認為將來一定會有回顧的一天：「那天曾經是一個分歧岔路」。我選擇的道路毫不拐彎繞路，我堅信這麼做，一定能實現我們中川政七商店所提出「為日本工藝注入元氣！」的遠景。

為了什麼而經營公司

二〇〇三年，我們唯一的自有品牌「遊中川」在玉川高島屋購物中心開幕之際，當時同樣承租櫃位，經營「天衣無縫」這間店鋪的新藤公司社長藤澤徹先生問了我一個問題：「你是為了什麼經營公司呢？」當時我們一起吃午餐，一邊交換著各種資訊。

我稍微思考之後，誠實回答：「我只是想贏而已。」藤澤社長一臉溫和地笑了出來：「你真是像極了時下的年輕人啊。」藤澤社長是日本有機棉的先鋒者之一，也是一位年長我近三十歲的大前輩。他的眼神始終流露一股溫柔，但內心或許已帶著厭煩情緒了吧。當下我心中真心認為，對於經營這種競賽，我一定想做得比誰都好，更想獲得勝利。

在玉川高島屋購物中心的店鋪，是我們公司第一次在大型購物中心設點，而在前一個年度，伊勢丹百貨公司新宿總店開設的遊中川專櫃店鋪就已開幕。二〇〇二年，我辭去在富士通從事已久的工作，進入父親經營的中川政七商店之後一年半，一切都靠自己的方式來摸索，從那個時候也開始一點一滴掌握到做事的感覺。

我們公司業務項目有兩大支柱，第一事業部以茶道用具為經營主力，這個部門依舊由父親負責，而以麻材質為主的生活雜貨，則隸屬於第二事業部，我負責這個部門所有經營管理。然而，我一直在思考著，該如何做才能提升遊中川的品牌價值。從小我沒有為任何事物著迷的經驗，但卻開始熱衷於經營管理。

不過另一方面，我也開始感覺，只「想贏」的經營管理將有所局限，也正因如此，十多年之前，與藤澤社長一來一往的對話記憶變得格外鮮明。而在這之後，「自己是為了什麼經營公司呢？」「中川政七商店是為了什麼而存在呢？」我開始對自己提出疑問。隨著業績攀升，組織愈來愈壯大，我認為一定要找到答案。

我思考著並嘗試環顧四周，工藝產業所面臨的環境日漸嚴峻，每次接近年關之際，一定會有一、兩間客戶因歇業來公司拜訪表示：「我們到年底就要結束營業了。」即使在經營上沒有直接面臨困難，也會苦於無人繼承，甚至，許多子女也表明不想接手家業，就算擁有熟練技術與做出成績，也擔心看不見未來，因此才無法持續下去。工藝品漸漸從一般人的日常生活開始消失，市場規模縮小，最終釀成多數工藝師傅與工藝產地面臨相同的嚴重問題。

工藝產業其中一、兩間公司歇業，或是一、兩位師傅退出業界，這樣的結果最終將

---

3 柳宗悦：日本著名民藝理論家、美學家。創辦日本民藝館並任首任館長，也擔任日本民藝協會首任會長。一九五七年獲頒日本政府授予的「文化功勞者」榮譽稱號。「民藝」一詞的創造者，被譽為「民藝之父」。

4 有田燒：佐賀縣有田町及週邊製造的陶瓷器名稱，於西元一六一六年由朝鮮來的李參平創始。

造成無法挽回的局面。正如過去柳宗悅[3]曾經闡述：「仔細觀察優秀的古作品就能發現，不靠工匠們合作，無法成就任何東西。」工藝產業將分工視為基本原則。

例如以陶瓷器來說，一般從成型、配料、素燒、彩繪等各階段的製程，分別由製模、製坯、燒窯等不同的工作站，由專屬的師傅負責。另外像是漆器，先由木地師以刨木工具或轆轤來刨木，下地師負責貼布等基礎工作，塗師負責上漆，再由加飾師施作塗上金屬色粉的蒔繪或沈金來修飾漆器表面。

這些流程，只要缺少任何一道步驟，不論有田燒[4]、波佐見燒[5]、輪島塗[6]都無法完成，而我們這些經營工藝品的公司，也將難以立足。接下來，許多從事工藝製造的人將因此失去原來的生活。這是我們每個人周遭正在發生的事情，伴隨著日本的工藝產業與工藝品，培養出人們豐富感性的美好生活，也將瀕臨存亡危機。我察覺到這件事情的同時，打從心底期盼，能為日本的工藝注入一股力量。

如果此刻再問我「你是為了什麼經營公司呢？」我會毫不猶豫地回答，我們靠著公司自有品牌，累積品牌的經營管理專業知識，以及以大日本市展覽會與直營店鋪為中心，藉由暢通的物流能力，協助合作的工藝製造商與零售店鋪，一起找回日本工藝與產地的

5 波佐見燒：長崎縣波佐見町製造的陶瓷器名稱。於西於一五九八年藩主大村氏與朝鮮來的陶工創始。

6 輪島塗：位於能登半島的石川縣輪島市生產的漆器名稱，於一九七七年被日本政府指定為國家重要無形文化財。起源有諸多說法，現存最古的輪島塗為日本室町時代西元一五二四年所製作。

活力。為此，中川政七商店將會一直存在，我也會持續做好經營管理。

打造日本成為工藝大國

自從二〇〇七年我提出「為日本工藝注入元氣！」這項遠景以來，面臨了許多挑戰。我們以業界專業化的諮詢服務，將波佐見燒的品牌「丸廣」（マルヒロ）與菜刀工坊「忠房」（タダフサ）等，以產地再造來打頭陣，並打造為產地最閃耀的一顆星。

在「日本市企劃」中，我們結合當地規模較小的工藝製造商與伴手禮品店，以伴手禮市場做為工藝產業的一個出口，致力宣傳推廣。不久前原本乏人問津的市場，陸陸續續開始有了良性競爭，這樣的成果證明了我們的方向是正確的，我對此感到自負。

「多虧這項企劃，我們為日本的工藝找回了許久不見的活力。」如果能這樣說該有多棒啊。然而，令人遺憾的真實情況卻不是如此。我們先看在法律上定義為傳統工藝品的情況，工藝品市場的產值在二〇〇三年度達到兩千億日元，但是到了二〇一四年度卻衰退到一千億日元，和一九八三年度的五千四百億日元比較，在這二十年裡產值已萎縮至五分之一以下。我們的努力沒有辦法阻止時代的洪流，由於衰退的速度實在太快，我們能力不足的確是事實。

不過也並非毫無任何轉機，雖然產值在這三、四年滑到谷底，但是從事工藝產業的年齡層，從二十到四十歲的年齡世代，卻有微增的現象。想從事工藝工作的人，以及追求工藝品的人一點一滴增加，這帶給我們不少信心與力量，我相信日本的工藝產業，還充滿著許多活力，為此，中川政七商店能做的、應該去做的事情一定還有相當多。

工藝產業衰退的問題，不只發生在日本，中世紀起以刀具之城聞名的德國索林根（Solingen），最年輕的師傅也超過了七十歲，面臨了非常嚴重的高齡化問題，就刀具產地的永續發展來看，已經瀕臨存亡的危機了。

年輕人無法從事工匠職業，代表著缺乏未來發展性。全世界也發生相同的問題，新興國家以低成本大量生產製造商品，剝奪取代手工工藝的需求，因此，導致一些工藝品與製造產地相繼消失。在優先考慮性價比與功能性的時代，工藝產業難以存活，我想這在任何一個國家，都是不會改變的事實吧！

中川政七商店的歷史軌跡

1716 年	第一代中屋喜兵衛，經營奈良晒
1819 年	與越後屋和服店（現在的三越百貨）開始商業往來
1898 年	榮獲日本皇室管理機構宮內廳指定御用的榮耀
1925 年	於巴黎世界博覽會展出
1929 年	提供伊勢神宮製作服飾的布料（1942 年、1953 年）
1939 年	成立合資公司中川政七商店
1979 年	奈良晒榮獲奈良縣指定為無形文化財產
1983 年	成立中川政七商店股份有限公司
1985 年	「遊中川 總店」開幕
2001 年	「遊中川 Tokyo 惠比壽店」開幕（2005 年結束營業）
2003 年	「遊中川 玉川高島屋 SCS 店」開幕，發表新品牌「粋更 kisara」
2006 年	「粋更 kisara 表參道 Hills 店」開幕（2012 年結束營業）
2008 年	第十三代中川淳接任社長，「花布巾」榮獲日本優良設計獎金獎
2009 年	開始提供企業諮詢業務
2010 年	發表新品牌「中川政七商店」，搬遷至新公司
2011 年	公司展覽會的名稱更改為「大日本市」
2013 年	「中川政七商店 東京總店」開幕，「仲間見世」1 號店於太宰府開幕
2015 年	榮獲「波特獎」，成立東京事務所（分公司）
2016 年	創業三百週年，在全國五大都市舉行「大日本市博覽會」
	加盟傳統企業的國際組織漢諾斯協會（Les Hénokiens），繼承第十三代中川
	政七名號，成立網路媒體「SUNCHI」
2017 年	成立日本工藝產地協會

雖然在全世界都有這樣的情況發生，但我想只要改變觀點，對日本來說也是一種契機。試想，如果一百年甚至三百年之後，工藝產地仍然存活著，在世界上就能成為稀有的國家了。只要現在著手去做，就能與未來接軌，我們還來得及保留這些即將消逝的技術與文化，並能以身為工藝製造大國的身分，受到來自世界各國的尊敬，所以，築起工藝大國的存在地位，我認為這絕非夢想。

滾石不生苔

一七一六年，中川政七商店在奈良創業，並在二〇一六年迎接三百週年紀念。如果要用簡短幾句話總結事業的內容，就是我們持續生產手織手編的麻織品，然而回顧三百年歷史，我們得知每一個不同時代，先人們都會順應當時的環境，從事新的挑戰，事業才得以延續。

將麻染白，以優異的技術，製造成為珍貴的奈良晒，成為德川幕府的指定御用品，並在十七世紀後半到十八世紀前半，來到了全盛時期。第一代的先人中屋喜兵衛，就是在這個時期，創立了中川政七商店。

但是在全盛時期過後，近江與越後[7]等其他產地的技術能力提升，奈良一直以來從東北與北關東等遠方地區，以陸運方式採購生產麻原料的苧麻，因此輸在價格上的競爭，逐漸倍感壓力。

時代的變遷猶如雪上加霜，在進入明治[8]時代前，奈良晒的主要用途之一，是使用在武士的正式服裝上，但隨著明治維新之後武士沒落，就成為奈良晒走向凋零的關鍵因素。然而，第九代的先人政七[9]卻持續維護奈良晒的品質，開發沐浴後的拭汗巾與嬰兒服等商品，創造出新的市場需求，甚至得到宮內廳[10]皇家認證的殊榮。

第十代的先人政七在當時導入了一項劃時代的制度，制定工廠生產與步合給[11]的制度。過去女性會在農業休耕期從事織麻工作，於是先人蓋了晒廠與織廠，雇用女性從事織麻工作，以步合制度決定薪酬高低，讓大家在能力表現上互相競爭，據說生產效率與品質有如飛躍般成長。

我的祖父巖吉是第十一代，在日本高度經濟成長期，工藝製造陷入困境，他被迫面

7　近江為現今日本的滋賀縣，越後為新潟縣。

8　明治時代：西元一八六八年。明治維新將武士階級制度廢除。

9　日本傳統藝術及家族世襲企業中有「襲名」文化，是沿用先人的名諱作為自己的新本名或對外使用的名號，代表繼承光榮傳統。為了區分每一代身分，稱呼時會加上「幾代目」做為區隔。本書作者原名中川淳，襲名後為第十三代中川政七。

臨選擇機械化生產，或是將生產據點遷往海外，在兩難之中他選擇了後者，祖父將生產據點陸續移至韓國、中國，但同時也守護著自古傳承手編、手織的製作方法。

之後，第十二代父親巖雄以人們熟悉的茶巾做為開端，擴大茶道用具相關商品的批發事業，讓大眾能在日常生活體會麻織品的美好，並且成立遊中川，以麻材質的生活雜貨與日式隨身小物為主要經營項目，這些都是在父親這一代的努力下完成的。

看著前人努力，我們就能明白，每個時代並非一帆風順。歷代先人們都曾經與時代的浪潮搏鬥，盡一切力量維持經營，試著讓公司成長，對於他們如此奮戰的態度，我心中油然生起一股敬意。

再接下來，父親就交棒給第十三代的我了，要如何才能再延續下一個一百年，該如何迎接四百週年呢？在深思熟慮的最後，我終於找到了一個答案。

「為日本的工藝注入元氣，打造日本成為工藝大國。」

我身為中川政七商店第十三代傳人，這就是我所立定的「百年之計」，正如同字面上的意思，我們將承接今後一百年的工作，不過是否能在自己這一代達成目標，還是

10 宮內廳：日本政府中掌管天皇、皇室及皇宮事務的機構。

11 步合給：依工作績效與品質來決定薪酬。

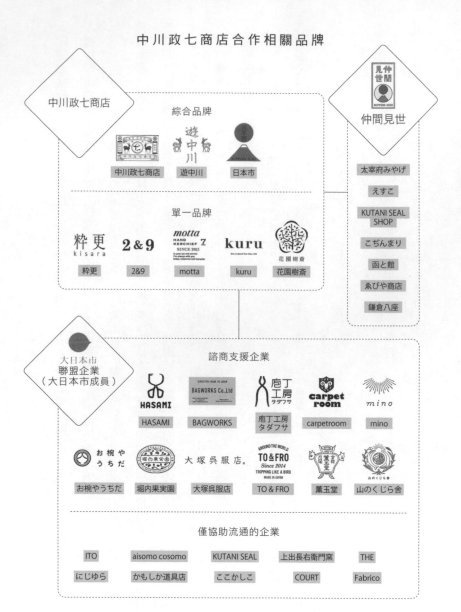

中川政七商店合作相關品牌

中川政七商店

綜合品牌

- 中川政七商店
- 遊中川
- 日本市

單一品牌

- 粋更
- 2&9
- motta
- kuru
- 花園樹斎

仲間見世

- 太宰府みやげ
- えすこ
- KUTANI SEAL SHOP
- こぢんまり
- 函と館
- ゑびや商店
- 鎌倉八座

大日本市聯盟企業（大日本市成員）

諮商支援企業

- HASAMI
- BAGWORKS
- 庖丁工房タダフサ
- carpetroom
- mino
- お椀やうちだ
- 堀内果実園
- 大塚呉服店
- TO & FRO
- 薫玉堂
- 山のくじら舎

僅協助流通的企業

- ITO
- にじゆら
- aisomo cosomo
- かもしか道具店
- KUTANI SEAL
- ここかしこ
- 上出長右衛門窯
- COURT
- THE
- Fabrico

一個未知數。即使如此，我一定會靠自己的雙手努力，打好一個穩固的地基，不管是第十四代或第十五代的傳人，都能夠站穩腳步，一起完成約定，貫徹這項計劃。

有時候我會得到一些「高明」人士的建議，「別執著於工藝這種夕陽產業，千萬不要打一場必敗的戰爭才好。」然而，我一點也沒有認輸的打算，人們說滾石不生苔，我相信自由發揮創意，不畏懼改變並且持續進化，一定能開拓一條康莊大道。

明治十七年（西元一八八四年）第一年發行
日本名店刊物「大和名勝豪商案內記」中所刊載
明治初期的中川政七商店

第一章 傳承老店的腳步

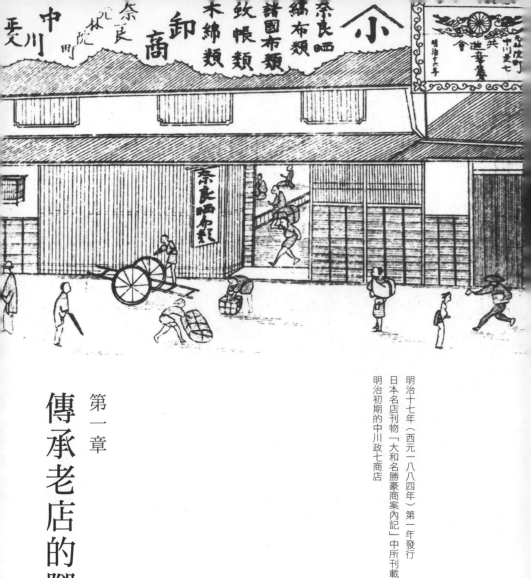

足球社團的成立經驗

我得承認自己曾經是一位不認真的學生。為了準備參加司法考試休學兩年，大學一共唸了六年，在京都大學在學期間，上課出席次數也只有二十次左右。過去大家都知道，只要進了京大就可以悠哉度日（這些都只是當時流傳，我並不清楚目前的實際情況），所以一提到這個話題，同學們都興致高昂。

話雖如此，我並沒有荒廢學業，只以通過司法考試為目標。當時考上法律系，除了父親一句「就算改行也能有幫助」的勸說之外，我擅長的數學得分占比偏高，也是錄取的原因之一。

由於高中時期有一位好朋友的父親是律師，很自然的我們開始一起唸書，準備司法考試，不過只憑著這種動機，怎麼可能考得上，自己的實力根本不足，因此很快就放棄了。那麼，若問我在這六年裡到底做了什麼，實在不知該如何回答。我既不熱衷打工，也沒想過以學生身分挑戰創業，反而對漫畫與電玩瞭若指掌，屬於常見的學生類型。

不過我在大學時期唯一認真的，就是創立足球社並且讓它順利運作。我從小學到高中持續踢足球，上了大學也非常樂在其中。我參觀了一些足球社團，剛好在一個不是太好的時機，有些社團極度重視紀律與練習，卻也有不愛練習，只以飲酒作樂為主的社團，呈現出兩種極端。

我對於社團嚴格的訓練較無所謂，但是對於與足球毫無關連，不講理的上下級關係就無法忍耐了，這或許與我過去在校風開放的國高中渡過有關。除此以外，在練習或比賽時，我甚至發現有人找女生來，氣氛充滿了輕浮挑逗，實在令人難以接受。因此，我自行號召同伴，成立一個能夠認真踢足球，明確切割喝酒聚餐、聯誼，並且樂在其中的社團。

與我抱持相同想法的同學似乎不在少數，才一下子，社團人數就增加了許多，大家踢球實力也還算不錯，在校園內也變得小有名氣。我非常享受思考的過程，如何好好經營人數眾多的社團，讓大家調整心態，步調一致，兼顧踢球成績與樂在足球。現在回想起來，或許這就是我最初體驗經營管理的雛型吧。

順帶一提，我們的社團曾經一度與學校其他歷史悠久的名社團並駕齊驅，然而卻在我畢業過後沒幾年結束了。我並不清楚詳細的原因，不過，聽說在我畢業幾期之後，當時的社長以草率的態度，推薦不適任者為新社長，導致災難發生。或許大家只一心享受踢球，所以對社團的規定愈來愈沒有原則吧。一個屬於學生時代的美好回憶，就這樣消失了，我感到有些淒涼。不過比起社團，如果傾注心力的公司倒閉，那種悲哀才是無可比擬的吧！

這件事情給了我兩個教訓。其一是對於喜愛的事物，如果不能認真經營，除了無法樂在其中，更是無法持續下去。第二是在挑選接班人時，千萬不能犯下認人不清的錯誤。因此，我一定不會讓中川政七商店歷代的先人們失望，每一天都以認真的態度去經營。

就算斷腿也絕不缺席

我在大學畢業後進入富士通公司，其實當時曾為了選擇索尼與富士通之間搖擺不定。提到進入富士通，或許大家能想像，當時我對這間公司並沒有太多瞭解，不過可想而知，索尼與富士通的經營項目與企業文化是非常不同的。假設有一位學生選擇就業公司，在銀行與中川政七商店之間猶豫不決時，如果沒有什麼特別原因，雇主應該不會錄取這位學生吧。

然而，富士通公司卻心胸寬大地錄取了我，在這樣的公司工作起來相當愉快。我負責電腦伺服器運作管理服務的業務項目，開始接觸與過去身邊不同類型的人，包括上司、前輩與客戶，與大家一起工作的經驗，成為了身為社會人士的基礎。

回想起來，我沒有與任何人起過正面衝突，並且能掌握好做事的要領，讓工作順暢無礙，幾乎沒有被斥責或陷入情緒低落的回憶，不過卻有一次被罵得很慘的經驗。當時的情況是，與前輩一起負責重要顧客的專案，我們在企劃上發生問題，準備登門向客戶道歉並提案修正錯誤時，我卻請了假休息。

我在一場足球比賽上，腳受了重傷，醫生囑咐：「你一定要躺著休養，否則恐怕有組織壞死的可能性。」我心想，不能給前輩添麻煩，所以拼了命將資料弄好交給前輩，之後就躺在家裡的床上靜養休息，咬著牙忍耐腳傷的疼痛。過了幾天，腫脹終於消退，去公司上班時，部長瞪大眼睛，大聲斥責我：「這件事和你的腳傷根本沒有一點關係，你身為這項專案的負責人，不管發生了什麼事，都應該要親自出席吧。」當下，我對蠻橫無理、出言不遜的部長只感到震驚，但是我現在卻能理解上司的想法。雖然在表達上的用詞有些不妥，不過部長只想告訴我，對自己的工作應負責到底，將事情妥善處理好。

現在我們的公司，也有非常多與我當時年紀相同，二十多歲的員工。老實說，偶爾我也會覺得有些人「太天真了」，但大聲斥責員工，講出尖銳難聽的話，這並不是我的專長，例如「管你這傢伙有什麼狀況」這一類的字眼，我實在無法說出口。這一陣子，我開始要求自己說話應更穩重，帶著體諒的心，有必要時再好好訓誡員工，這才是身處上位者應做好的工作。

謙虛地進入中川政七商店

二〇〇二年一月，我正式進入中川政七商店工作。在我進入公司第二年，我深刻體認，待在擁有龐大組織的富士通公司裡，就算完成了無數次工作，要往上晉升，還是得耗費相當長的一段時間。

我希望靠自己運作事業，親身體驗，愈做能愈上手，得到豐碩的成果，再繼續挑戰更重要的工作，我一直想在這種環境工作。但是，符合這種條件的公司，就只剩下中小企業了。我試著挑選出一些中小企業的候選名單，然而卻想到自己還有家業，實在沒必要跳到其他中小企業工作。於是，在想通之後，我就決定回去奈良了。

父親中川巖雄在大學畢業後，進入 ONWARD 樫山公司就職，後來另起爐灶開設成衣公司，最後才繼承家業，成為第十二代的掌門人。

母親負責公司的第二事業部，這個部門的主要營業項目是麻製生活雜貨與隨身小物。母親非常高興我回來繼承家業，但是父親卻反對表示：「還不到二年，就認為自己能大展身手，這實在是大錯特錯。我們這行並非前景一片光明，你還是放棄吧！」然而，我辭去了富士通的工作，已無法再回頭。最後，我只有低下頭帶著歉疚，請求父親讓我進入公司。

在中學入學時，父親囑咐我：「從現在起，我把你當成一個大人看待，你可以做任何你喜歡的事，只不過，所有的責任必須自己承擔。」之後，無論是升學或找工作，我都靠自己決定，父母親也未曾開口表示任何意見。因此，對於父親這次的反對，我感到有些意外。

然而實際上，在反對的背後，父親其實非常開心，過了很久之後，我才知道這件事。若當時父親舉雙手贊成，我想我可能會改變心意，選擇逃避也說不定。的確，如果在自己開口之前聽到「你來繼承家業」這句話，或許真的會產生抗拒，這也是父親採取策略的成功之處吧。

進入公司後，我隨即被分配到以茶道用具為主的第一事業部。到第十一代為止，主要經營的項目只有茶道用具相關的布類商品，如麻料材質的茶巾與絹布等，到了父親這一代，開始善用前人辛苦建立的銷售通路，增加了茶碗與茶罐等茶道用具商品。

由於這一行講究的規矩相當多，起初雖然出現了一些聲音，質疑茶巾屋怎麼可能把茶碗做得好，但公司早一步以型錄來銷售，請了一位知名陶藝作家以不同名義進行創作，再以合理價格銷售，在這樣的創意奏效之下，在我進入公司時，新商品（現代陶瓷器）這一個項目的交易金額，創下了日本全國屈指可數的傲人成績。

在此補充說明以免產生誤解，陶藝作家以不同名義進行創作，並沒有任何不妥。一般知名的陶藝作家，最便宜的作品，少說也要從數十萬日元起跳，這可不是一般人能夠負擔的價格。然而，若市場需求愈少，陶藝作家的工作量與收入也會有所局限；但如果因此降低售價，又會影響陶藝作家的身分地位。因此，以不同名義創作作品，既能讓望穿秋水的買家，以合理價格買到別具價值的作品，又能為陶藝作家，在煩惱名氣與經濟現實的兩難之間解套，替彼此創造雙贏局面，這實在是一個兩全其美的妙策。

暢銷商品為何始終缺貨的謎團

第一事業部的業績占了公司絕大部分，當時我在這裡的第一份工作是單純的檢查貨品與包裝作業。聽起來雖沒什麼，但對於沒有機會接觸麻製商品、甚至茶道的我而言，初次體驗的感覺非常新鮮。我在這個時期學習了一些規範，例如如何將茶碗放進桐箱，或是收納茶罐的袋子（日文名稱為仕覆）上的繩子繫法。

只不過有些時期實在太空閒。茶道用具銷售的淡季與旺季相當分明，特別在一、二月時，商品幾乎毫無動靜。對於燃起鬥志回老家工作的我而言，實在保留太多精力與時間了。

我總是特別在星期六這天，去偷窺經營麻製小物的第二事業部。繼奈良總店之後，二〇〇一年遊中川東京店在惠比壽接續開幕，女性時尚雜誌也開始介紹相關資訊。

儘管營收沒有因此一口氣往上衝，但就事業整體規模來看，實際的情形卻令人咋舌：由於實在太過羞愧，我只提其中一項最令人吃驚的問題，那就是公司幾乎沒有任何生產管理的概念。

在直營店或百貨公司專櫃，非常受歡迎的A商品總是缺貨，而乏人問津的B商品，庫存累積情況卻愈來愈嚴重。我詢問趕貨製作中的A商品完成數量，沒有任何一個人能回答得出來，而庫存堆積如山的B商品，竟通知明天或後天交貨。「為什麼不生產A商品，卻拚命生產B商品呢？」在我追問下，答覆竟然是「因為B商品比A商品還容易製作」這種令人莫名其妙的答案。

身為設計師的母親與值得信賴的田出睦子女士（順帶一提，田出女士是現任員工當中唯一一位年資比我還久的人）的品味，在已婚女性市場上，受到非常大的歡迎。她們曾在九〇年代奈良的店鋪，發掘不少年輕創作家與設計師，作品在藝廊展出，得到非常高的評價，包括從事輪島塗的赤木明登先生、木工設計師三谷龍二先生，以及陶藝家內田鋼一先生，這些傑出藝術家的作品都曾在早期展出過。

然而，我不曉得是否該這樣說，她們兩人對商業化似乎不感興趣。因此，我提出一些想法，拜託父親讓我轉調到第二事業部工作。

在進去之後，發現了理當如此進行的事情並沒有理所當然地運作，而且情況遠比想像中還糟糕。我到現在還忘不掉一些狀況，例如商品使用的麻線，原來應該切割成每條二十公尺，但是打工的女性員工們，卻以五十公分連續折四十次來測量總長度。

由於生產效率實在太差，我在長型工作台上，畫了一條十公尺的標記，如此一來，只需折二次就能完成了。就我而言是自信之作，然而開了一條捷徑，卻沒有人要走。正確來說，一開始她們帶著歉疚，照做了一、二次，但隨即卻以工作台太遠之類等理由搪塞並放棄使用。

不管再怎麼想破頭，也是以我的方法最快，我甚至主張還能減少出錯機率，但老員工與打工的女性作業員們，卻異口同聲表示：「那樣做的確很快，但是一直以來我們都是這樣做的……。」我還記得當時非常生氣，為什麼她們聽不懂，但是現在我明白了，這種單方面只顧自己想法的命令，根本沒有人想要聽從。那時的我，完全無法從這些在奈良小公司工作的員工們的立場去思考事情。

當時我以週休三日的心情在工作，但這並非失去了工作動力，相反的，我經常讀書，並且在腦海中思考事情，試著將一般企業的銷售管理與預算績效管理，嘗試導入我們的公司，然而工作現場仍不為所動，因此我無計可施。腦中描繪的理想與現實差距甚大，只見自己卯足全力卻依然白忙一場。回顧當時這些，再對照現在一週七天、一天二十四小時，我若不維持大腦全力運轉，就會耽誤到公司員工的情況，就能瞭解此刻有多麼幸福。

親自決策並貫徹始終才是經營者

雖然我控制了一些情況，但員工一個接著一個辭職。之所以沒有人站出來批評我做事情的方式，正代表了他們對工作的熱忱還不夠吧。我並沒有特別去慰留任何人，於是在填補人力缺口上吃盡了苦頭。我在政府的招募徵才網站上刊登求才訊息，卻沒有找到心中的符合人選。「你期待的人才，根本不會來鄉下的這種小公司，再不去思考對策肯定完蛋。」我記得當時父親訓了我一頓。

當時正巧發生了一件事情，我對一位外聘人員表示，不再續約他負責的外包業務，他擁有日式雜貨的經營手腕，對當時的中川政七商店來說，屬於重要的戰力之一，但由於他總是陽奉陰違，撒下讓公司內部混亂的種子。就算一個人能力再好，如果經常破壞團隊的工作氣氛，不論過去或現在，我都不會讓這種人留在公司。雖然他不是公司正式的員工，但這成為我親自開除別人的第一次經驗。

這個人是以前父親找來的，由於這層緣由，我以為會遭受指責，但是直到最後，父親一句話都沒開口。之後，我從別人那裡聽到父親表示：「若是那小子親自決定並貫徹到底，就沒有問題了。」姑且不論正確與否，經營者只要能將自己的計劃貫徹到最後就夠了。而我又聽到父親的另外一段話，決策者自己無法做決定，以及決定後卻無法貫徹到底，這兩種人才是最糟糕的經營者。雖然直言不諱不是父親的作風，但我確實感受到父親對我的信任。

從那之後經過了近十五年。現在舉辦校園新鮮人招募說明會時，總能聚集許多目光炯炯的優秀學生，即便是轉換跑道前來應徵的求職者，其中也有不少人擁有優秀的經歷。但是我絕非就此感到滿足，我仍期盼與實力更強、意志更堅定的人一起共事。

回憶過往，的確有一種恍如隔世的感覺。企業的遠景若能引起共鳴，擁有創造佳績的品牌力量做為支撐後盾，就算在鄉下地方，也能聚集優秀人才。我們衷心期盼能成為這樣的公司，因此，校園新鮮人招募說明會可說是在大家齊心打造品牌之下，共同展現出的成果之一吧。

認清自己討厭跑業務的事實

我開始接手生產販售麻製生活雜貨的第二事業部後，對許多事情還不是很清楚，就一股勁地推動業務效率化與高度化（正確來說應為「正常化」），結果浮上檯面的卻是本質上的問題——營收與利益根本不盡理想，如果再不改善，顯然公司未來的路將會險峻難行。

我試著摸索並嘗試開拓銷售通路，也突發奇想，讓日式甜點店販賣懷紙[12]或銀製牙籤，但我無法親自拜訪每一間店鋪，也沒有這方面的人脈，正迷惘著該如何是好之際，發現了報紙上專業甜點雜誌的廣告，我從來不知道有這類雜誌，所以趕快買來閱讀。這本雜誌的讀者群，主要以甜點店的老闆為對象，其中刊登了一則研討會的資訊。

我打電話向主辦單位請求，希望能在研討會結束前，給我一些說話的時間。我將行李箱裡面塞滿了相關的宣傳資料，以及搭配日式甜點有機會熱銷的商品，迅速拉了行李箱出門，前往位於住商混合大樓的會場。我在會場上賣力地簡報宣傳，大家或許對此感到新奇，於是一些參加研討會的日式甜點店，願意將我們公司的商品放在店鋪裡銷售。然而，此舉卻無法反應在最重要的營收數字上。

當時，我也積極參加在日本各地舉辦的禮品展。總之，先製造契機再說，讓不認識中川政七商店的人知道我們的存在，我們沒有銷售通路，沒有業務行銷能力，更沒有知名度，在一無所有的情況下，只能自己作出假設、嘗試各種方法。而實際上，這對開拓新據點產生了效果。

12 懷紙：隨身攜帶的和紙，用途廣泛，可當便條紙，或用來放日式甜點、包裹小東西、清潔擦拭，也能摺成各種裝飾。

在開始交易合作之前，至少得先拜訪對方的店鋪或公司一次，其中有一些地點非常遙遠，得花一整天的時間往返，不過這還算稀鬆平常。問題在於不管再怎麼設定業績目標，幾乎每一處的年度總銷售金額都達不到五十萬日元，簡直是事倍功半。

而且，我們陷入了一個致命性的缺點，不停批發賣出，毫無任何效果。批發的情況是，既有客戶的銷售業績，有時甚至比前一個年度還差。這到底是商品的問題，還是銷售方式的問題，我不停思索每一種可能，即使對零售店鋪與中盤商提出建議方法，卻無法找到與顧客的直接連接點，最後依舊無法有效控制情況，也解決不了問題。

新開拓的營業據點業績好不容易有所累積，卻要填補已虧損的空缺，就如同提著底部開洞的水桶取水一樣，我不再寄望批發這項事業能有任何飛躍性成長。因此，考量新的發展性，我決定把目標放在零售事業上。

回想當時的一切，自己在業務上的認知程度，實在令人感到驚訝，我對它既不擅長，想到什麼就做什麼，自然不會得到成果。但是，我認為不做自己不擅長的事情也好，比起拚命努力才獲得平均成績，倒不如以擅長的事情來突破重圍，不僅能樂在其中，效率也會更好。

我認為趁年輕時，不管是棘手或簡單的，應去嘗試挑戰任何事物，但到了三十歲左右應該就夠了。每個人都有適合與不適合的事物。所以一旦發現公司年輕員工的特質，我會思考如何讓他成長，是否能在職場上更活躍，透過人事晉升考核或異動等方式來主導，我想這對經營者而言，是非常重要的一項工作。

我並不是勸大家逃避討厭的事物，而是應靠自己分辨釐清，不擅長的事物為何，再創造不做不擅長的事也無妨的環境。例如自己不擅長跑業務，該做的就不是低頭請求對方購買，或說服對方進行交易，而是想辦法讓對方來選擇自己。「身為中小企業製造商，更應該擺脫只賣東西的形象，必須靈活轉變打造品牌」這是我一貫的思維，不斷強調的重點。

規模小的製造商較缺乏談判能力，可能會被零售業者或中盤商以「我們可是給你交易機會的客戶」等理由提出無理的要求。若是拒絕，可能會導致合作終止。在人手不足的情況下，還要維持充裕的業務推廣人力，本來就是一件困難的事情。在這種情況下，小公司更無法像大企業一樣，投入可觀的廣告費用。因此，就需要靠打造品牌，為商品與公司「加分」，成為一個能讓顧客或合作對象優先選擇的存在，這是必須去做的事情。

另外重要的是，從事無意義的業務行為，不僅不會為公司帶來任何附加價值，只會不斷增加成本費用。因此，從我這一代開始，不再每週去百貨公司巡點拜訪，打破業界的常規舊習。或許露個臉打聲招呼，能給百貨公司的管理階層帶來一些好印象，但不僅無助於業績提升，更無法帶來更多優質的商品或服務，反倒增加公司的成本開銷，最後反應在價格上，造成消費者的負擔。我們的改變一開始雖然得到負面評價，但百貨公司後來也習慣了我們公司的做法，所以現在我依然徹底執行，只讓員工在有需要洽公的時刻前往。

倒閉時也應扛起責任

從批發轉往零售事業，在決策的背後，我有另一個想法，那就是就算倒閉，也應該自己扛起責任，好好讓它倒閉結束。無論是中盤商或零售商店也好，如果對特定的客戶過度依賴，一旦發生狀況，肯定立刻連累到自己的公司。最糟的情況，恐將造成倒閉的骨牌效應。自己的失敗造成倒閉也就罷了，但若是客戶經營不佳，受到牽連而倒閉，除了悔恨也無法挽回。

我小時候也曾有類似的想法。中學時期曾對母親說：「其實選擇錯誤也沒辦法，但若不知道一開始有哪些選項，才是令人討厭的事」。

實際上自己早就忘記了，母親之所以會告訴我這段插曲，是由於我表達想增加直營店鋪的念頭，不知道她是否認為，反正講了我也不會聽，還是真的信任我的判斷。同樣擁有經驗，一手成立並經營生活雜貨事業的她只淡淡說了一句：「喔，這樣啊。」剩下的就任由我放手去做了。

二〇〇一年是我進入公司的前一年，雖然東京惠比壽的直營店鋪在這一年開幕，但型態偏重於展示間，包括了奈良店在內，還沒下決心，認真將主力放在零售事業上。一個製造商要離開地方特色推廣店的框架，正式走向自行經營零售事業這條道路，並非簡單的事情。

除了付房租、僱用銷售人員，還要保持店鋪商品的最低庫存量，光是這些負擔就相當沈重了，更不用說還需要支出其他費用，建構零售事業專屬的銷售、庫存、顧客管理系統，中小企業要落實這一大步並不容易。就算是目前在工藝專業領域中，以製造商直營零售店經營型態的先驅者中川政七商店也不例外，建構量身定做的整合系統，往往需要好幾年的時間才能完成。

考量這層原因，將經營方向轉往零售事業的風險實在太大，父親面有難色地表示：「零售業根本賺不了錢」。但我反駁父親：「也許現在是這樣沒錯，但之後一定會賺錢，所以無論如何我們必須將品牌認知做好」。

只靠批發，絕對無法傳達中川商店的價值。構成一個品牌的重要因素，商品本身最多只占四到五成，剩下需要靠店鋪氛圍與接待顧客，工作人員如何正確傳達出品牌價值。為了做好品牌提升，需要增加與顧客的接觸機會，這些必須靠自己掌握控管才行。因此，最有效的方法，就是擴展直營店鋪，我成功的說服父親。

過去的日本不像今日物質豐裕，是一個品質與功能參差不齊的時代，商品本身的價值對消費者而言，具有非常重要的意義。然而，現代的商品，在品質與功能上的差異，幾乎已不存在。同樣的商品，在品質、功能與價格上相近，卻有暢銷與滯銷的不同。那麼，探討其中的差異，究竟從何處產生，我想應該是「共鳴」吧。

我本身非常喜歡索尼，曾有一段時期，市面上雖然同樣有高規格，但相對便宜的其他品牌，在比較功能與價格後，我仍然只選擇索尼的商品。這是由於我對索尼這間公司已經產生共鳴，因此在我心中，索尼的商品在一開始就已呈現「加分」的狀態。換句話說，也就是我已經認同品牌價值高這件事了。

索尼在電視廣告與商品本身上，傳達了革新性、優良技術、卓越的設計能力等，因此帶來品牌價值。不過，一般中小企業無法擁有這麼多的廣告預算，別說公司對商品與服務用心，即使只是想讓大家知道公司的存在，基本上都是一件難事。

然而，如果擁有店鋪這個平台，就能與消費者直接進行溝通交流，以各種不同的方法來傳達我們是誰、以什麼理念從事工藝製造、希望使用者的日常生活如何使用等。當商品本身的價值觀與世界觀，得到愈來愈多人的共鳴時，中川政七商店的品牌力量就能提升。這是我對品牌的基本思考方式，從當時直到現在都不曾改變。

從零售店鋪設計到賣場整理規劃、銷售工作人員挑選，全部都靠我自己一手包辦，父親聽到我對直營店的堅持訴求，最後似乎對我的毅力沒輒，只說一句「隨你去做吧」，就由我全權負責。

就在這個時候，我們陸續接到了東京二子玉川的玉川高島屋購物中心與伊勢丹百貨公司新宿總店的提議，希望我們能開設新店鋪。當時遊中川的客層以已婚婦女為中心，她們在經濟與時間上，屬於較為富足充裕的一群。這兩個地方就像天上掉下來的禮物一樣，因此我毫不猶豫，決定在這兩處都開設新店鋪。

打造伊勢丹式「買場」的洗禮

我放棄不擅長的跑業務工作，改走讓顧客來主動選擇我們的這條路，不過一如往常，在前方等待著我們的是崎嶇險峻的道路。二〇〇二年伊勢丹百貨公司新宿總店捷足先登，比玉川店還早一步開幕，當時樓面管理者對我們說：「請每兩週調整一次店鋪的面貌（face）。」面貌是商品企劃（MD）用語，就如同字義一樣指店鋪的門面，也意味著看待的方式。因此，需要經常改變商品項目與陳列，維持「買場」的新鮮，這是伊勢丹百貨公司的要求規定。以顧客的立場來看，購物所前往的不是賣場，而是買場。這是伊勢丹百貨公司堅持服務應從顧客觀點思考的獨特語言。

當時我們新商品一年發表兩次，聽到每兩週變更一次，對於如此要求感到相當無理。「我知道你們夏天販賣麻製商品，那麼到了冬天要賣什麼呢？」百貨公司的人問道，「冬天也是麻製商品」我如此回覆後，「這樣的話我們沒辦法將賣場交給你們負責。」採購人員突然臉色大變，我們只好十萬火急趕工，製作以麻料為主的裝飾物來應急。歷經這一切，我才第一次領悟，為什麼需要一整年奔波往返百貨公司賣場，以及其中的辛苦與意義。

在冬天季節，麻製的商品較不暢銷，必須另外準備日式生活雜貨，如正月過年季節等商品，以及將複數商品組合成套來管理，再擬定進貨至店櫃的計劃。由於我們是新設百貨店櫃，幾乎沒有這方面的基礎知識，這段期間承蒙伊勢丹百貨公司諸多指導，雖然指導的老師相當嚴格，但現在我仍然非常感謝這一切。

只不過我們新商品的發表，從一年兩次變更為三次，商品的數量更是爆增為五倍左右，造成公司內部商品企劃負責人的負擔，一口氣變得相當沈重。還好我們隨即錄取了有相關工作經驗的新員工，總算努力渡過難關。由於有這段過程，所以我認為商品企劃的能力，對於今後的中川政七商店來說，將成為公司的命脈。

我沒想過嘗試聘用外部的設計師。有一間中小製造商與外部一位知名設計師合作，曾在一時之間蔚為話題，然而持續合作下去，若資金不夠充裕，反而失去意義，更難期望產生良好的效果。不論如何最重要的是，自己公司的商品，應交由自己公司的商品企劃負責人來做，這是理所當然的事情。例如我們公司的商品，自然還是交由對遊中川風格、中川政七商店風格瞭解最深的內部員工負責，如此才能確實化為實際商品。直到現在，我的這些想法基本上也沒有任何改變。

當然，有一些工作還是需要擁有高度專業知識或技術的外部設計師，否則就無法完成。從外部的角度來看，就能明白有什麼差異，並非一切靠自己就能做得好。有關如何彌補經營者、外部設計師與公司內部人才，各自在職務上的不足地方，以及這些角色彼此的關連性，我會在第三章裡詳細敘述。

伊勢丹百貨公司新宿總店開幕帶來的迴響確實相當大，明明沒有創造預期中的營收，卻仍有其他百貨公司與購物中心前來洽詢。但是，我們不能因此就感到喜悅。其中也有業者坦率表示：「雖然你們業績平平，但考量商品企劃，我們需要你們的店鋪。」聽到賣場需要我們遊中川設櫃，雖然感到開心，但如果沒有亮眼的業績表現，也就意味著任何時刻消失都不足為奇。因此，我們只能拚命努力，實實在在把銷售業績做出來。

另外，我們發現百貨公司裡的店中店型態，慢慢的也瀕臨極限。例如在伊勢丹百貨公司，樓層介紹地圖上找不到任何「遊中川」的文字，在寬廣樓面中，就連賣場本身也被簡單劃分為一塊區域而已，這樣對我們想提出的品牌世界觀，將會有更多的限制。

我的想法愈來愈強烈。若想透過品牌的力量，讓一般消費者選擇我們，不能只靠商品或銷售人員，我希望所有的項目都應該自己控管，包括店鋪設計、商品陳列與顧客之間的溝通交流等，成為一間處處無微不至的直營店。

新品牌「粋更」的誕生

辭去工作後回到中川政七商店，當時我毫無任何經營管理的經驗與知識。我被分配到以麻材質為主的生活雜貨第二事業部，隨著開始經營之後，發現理所當然的事情無法理所當然地運作，我試圖以一些方法改善現狀，但卻不曉得具體上該由何處開始著手。雖然知道經營策略、市場行銷與生產管理等詞彙，但也沒在企業管理碩士課程上學習過，所以更別說擁有任何實務經驗。因此，基本上只能將任何能參考的書籍，一本接著一本閱讀。

其中一本書，是由推出日產汽車的熱銷品牌「Be-1」，廣為大家所知的企劃人坂井直樹先生的著作《EMOTIONAL PROGRAM BIBLE》（英治出版）。

這本書中，我得到成立新品牌的啟發，運用在二〇〇一年開始的既有品牌遊中川，比過去更具簡約品味的「色彩」商品系列上。然而，對開發新顧客與銷售業績卻沒能發揮任何作用。顯然我們無法指望以單一品牌去拓展業績。

我不知道的品牌策略實在太多，雖然無法立刻將坂井先生在書中提到的東西完全消化，但卻成為了何謂品牌、設計等問題的思考契機，我感到自己腦中漸漸理出頭緒，新品牌與商品也開始成形。

我用自己的方法，簡單整理書中提到的情感方程式，以「價值觀」與「感性年齡」來構成二次元的情感矩陣圖，並且能在每個市場的商品與品牌之中，以這兩個條件找到定位。在讀完這本書後，我立刻繪圖，假設一個與遊中川接近，但不互相競爭的品牌，將它標示定位在矩陣圖上，結果浮現一個結果，倘若我們將目標鎖定在比遊中川主顧客還更年輕的族群上，就能察覺在時尚區塊上還擁有發展的機會。

當時遊中川以閱讀《家庭畫報》與《婦人畫報》的婦女族群為主要對象，與自己期望的東西有所落差，但我也想不出有哪些廠商製造這些商品。即使去卡希納（カッシーナ）或阿爾弗萊克斯（アルフレックス）等高級家飾店鋪，抱枕、床包被套等布料商品，全都是國外進口，幾乎沒有日本廠商製造的東西。

如果能善用中川政七商店的織品技術，將我們的商品放在卡希納店鋪裡，一定能夠開發新的客層。於是，我得到了商品開發的靈感，「以日本的傳統工藝與傳統素材為基底，兼具功能性與設計感，自然地融入現代生活」，之後只需將想法落實即可，當時我對此深信不疑。

為了印證這種天真想法，在二〇〇三年八月，我擬定的中期經營計劃書裡有一項計劃，預計在同年十一月，日本最大規模的生活家飾相關展示會之一，日本東京國際家用紡織品展覽會上發表新品牌。在寫中期經營計劃書時，雖然已開始準備，但算一算準備期間應該只有四個月左右，以當時我的經驗與公司組織能力來看，就像短期內必須完成的緊急工程一樣。

新品牌透過公司內部公開徵選，名稱決定為「粋更」。命名的期許想法是，希望大眾能有更純粹簡潔、灑脫通達的生活態度，我覺得讀起來響亮好聽，也非常滿意。商品設計交給在遊中川創下佳績的田出女士來負責，雖然品牌概念還沒有決定（雖然不確定有沒有使用這個詞彙），但田出女士告訴我的是「洗練精緻的日本物品」，而我們只有四個月期間，需要準備範圍那麼廣泛的東西，我才明白自己有多麼莽撞。

在星巴克的早晨學習重要事情

雖然匆忙準備參展事宜，但我們總算趕上十一月的日本東京國際家用紡織品展覽會，或許這也算是無知者的一項強項吧。然而我滿懷期待，在展示間裡等待來場者，但不知道該不該說是理所當然，大家對粋更的迴響並不如我的預期。

（二〇〇三年）

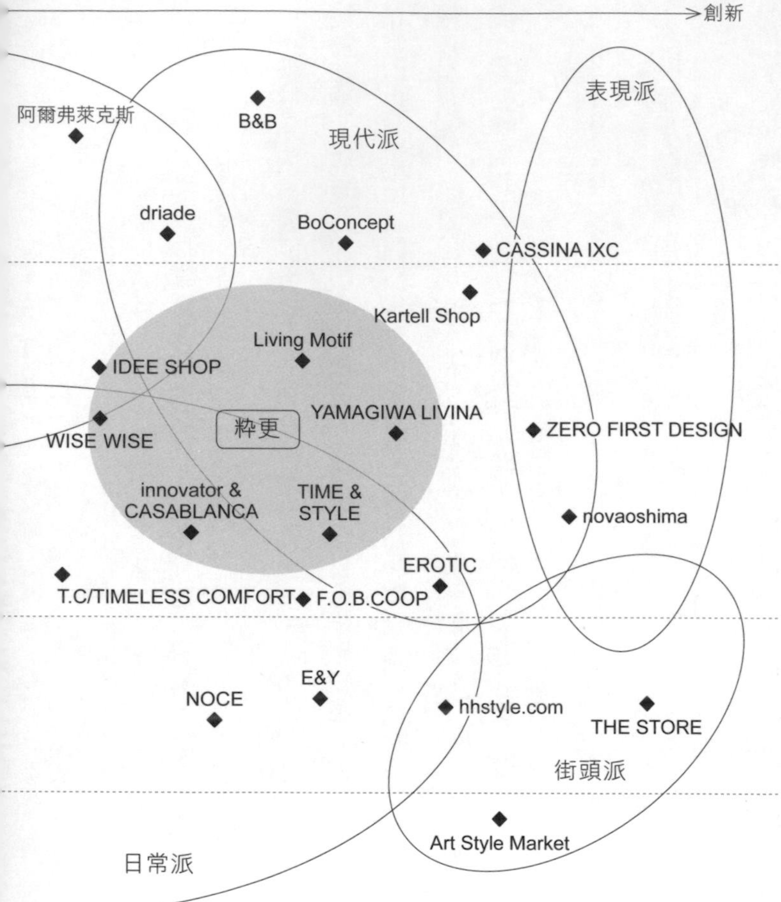

（備註）二〇〇三年當時的品牌名稱

（出處）坂井直樹・WATER STUDIO&EP-engine

《EMOTIONAL PROGRAM BIBLE》英治出版，根據第九十六頁作者修改。

生活家飾店鋪的情感矩陣圖

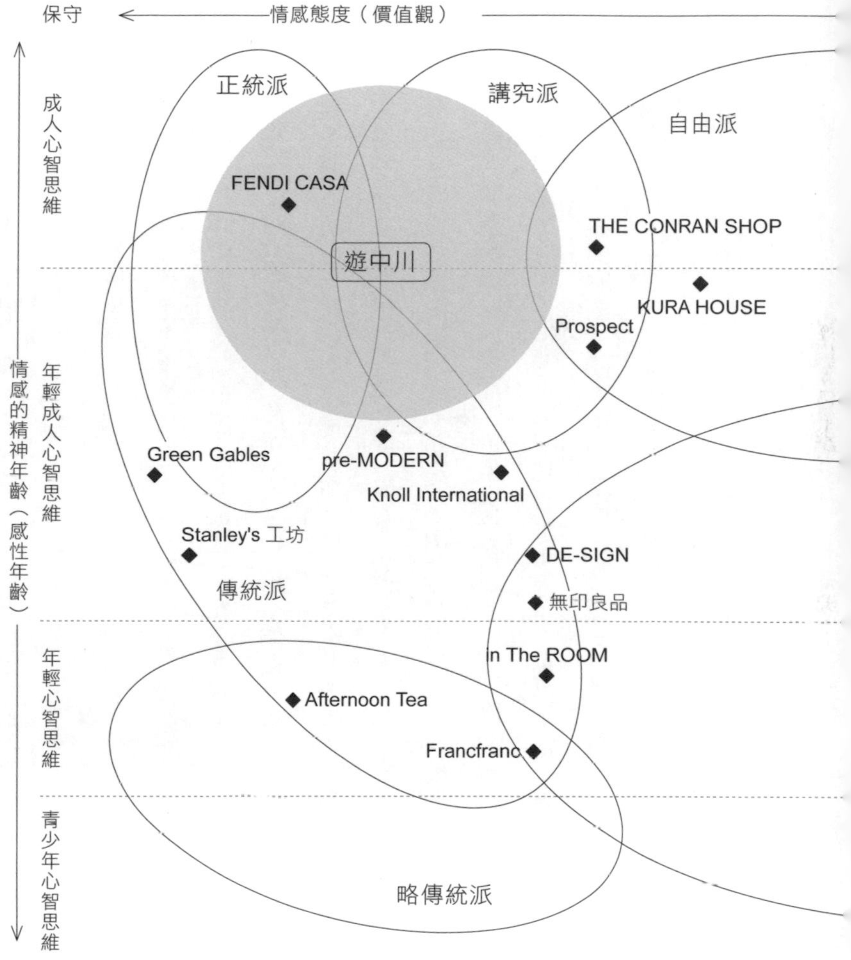

不過，周圍發生了不可思議的現象，一連好幾天，大家都親眼目睹，不是來場者的參展廠商業者，從遠處望著粹更展示間。後來我明白起因是展覽會的關鍵人物艾第安・柯傑先生（Etienne Cochet），他是每年在法國舉辦的歐洲最大生活家飾與設計展覽會——法國巴黎國際家飾用品展的高層主管。

與相關人員聊過後，得知柯傑先生表示在所有的展示區裡，他對粹更留下最深刻的印象。即使在那之後，直到粹更的事業正式步上軌道，足足還要花一年以上的時間，不過能獲得世界上以鑑賞力聞名的柯傑先生青睞，也成為我在苦戰時的心靈支柱。

另外在成立粹更時，還有一位絕對不能忘記，暗中幫助我的恩人。他是曾任職亞瑟士行銷企劃的岡本充智先生，後來另起爐灶成為諮詢顧問。

我曾委託岡本先生擔任公司內部研修的講師，由於這段緣分，我經常向他請教有關行銷企劃或商品開發的問題。由於他在前一份工作擁有新品牌的開發經驗，因此決定成立粹更之後，我拜託他分享心得，他非常爽快地答應，表示在早晨上班前有空檔。

近畿日本鐵道奈良學園前站的一間星巴克就成了我們的教室。有一次與父親聊天提到這件事情，父親告訴我一定要好好支付對方學費，但他明明是好心在上班前撥給我一些時間，如果要以金錢來衡量，我實在感覺有些突兀，我並不是不明白父親的想法，他的確考慮到岡本先生從事顧問職業的立場。「如果你感覺得到恩惠，我希望你也能對下一代做相同的事情。」岡本先生說了這些便回絕我的謝禮。

順帶一提，建議我寫中期經營計劃書的也是岡本先生。我在寫這本書時，順便回顧了過去的計劃，最初時期寫下的東西雖然名稱相同，但內容實在簡單到難以啟齒。不過即使如此，我每年會定期整理一次公司的經營現況，為了實現目標，寫下具體的行動計劃，對於想成為一介經營者的我相當有幫助。目前在企業諮詢時，我也建議經營者寫下計劃書，我想將自己感受到的實際效果，以及從岡本先生那裡學習到的經營知識，傳承給年輕的一代。

前年，我剛好有機會見到岡本先生的兒子。他比當年在星巴克上課外教學的我還年輕個三、四歲左右。我們透過臉書開始連繫，目前他是個上班族，不過他表示未來想從政，對故鄉奈良有所貢獻，並希望我能聽聽他的一些想法。雖然我不太懂政治，但是我們一邊用餐，我一邊把從經營裡學習到的東西，以及四十歲後開始思考的事情，毫不保留地完全與他分享。

雖然我不認為這樣做能回報岡本先生給我的恩惠，但是將知識與經驗分享給下一代年輕人，這是岡本先生教會我的事情，至今我仍銘記在心。

展覽會是為了什麼而存在呢？

我們初試啼聲，是在日本東京國際家用紡織品展覽會上。雖然沒受到矚目，但得到了如艾第安．柯傑先生等高度敏銳者的好評，成為了我們前進的動力。我們訪遍大小店鋪，尋找是否能銷售粋更商品的生活家飾店鋪，包括成衣業、食品與住宅的相關業者。結果探訪的所有店鋪，全都慘遭滑鐵盧。粋更第一年的營業額竟然只有六十萬日元上下，我想大家應該不難瞭解，這樣的銷售數字到底有多麼糟糕吧！

先不管新品牌沒有實際的銷售數字，不少店鋪還提到「掌握不到你們的品牌形象」。當然，我們拜訪時，都會帶著商品與型錄仔細介紹說明，但是光憑這些，商品陳列在賣場時，店鋪會給人什麼感覺，該以什麼方式銷售也無從得知。雖然如果有店鋪就能一目瞭然，但沒有店鋪時，就必須透過語言、照片，或其他方法說明表達品牌的概念，讓對方得以充分瞭解。

然而，當時粋更並沒有打出最重要的品牌概念，只提到與遊中川不同的品牌定位，都是在講自己公司的事情，完全與賣方無關。雖然我也試著寫了一些簡單的相關文案，但以最後的結果來看，因為還是無法明確表達粋更所追求的卓越品牌的形態，以及能提供給顧客什麼價值，所以毫無任何說服力。因此，我有了覺悟，決定這一切必須從頭開始才行。

就在當時，我接觸了從事建築與室內設計的 sinato 公司，委託對方為遊中川的新店鋪進行室內設計，雖然這是契機的開端，卻是我第一次與公司以外的設計師一起合作，對我而言一切非常新鮮。對方提出建議的日常生活用品與家具，每一項細節都充滿了哲理，訴說著遊中川這個品牌的故事。

對粋更來說，這就是最需要做的事情。因此，我們與 sinato 公司開始分工合作。粋更到底是什麼品牌，粋更能為顧客提供什麼價值，我們開始進行塑造概念的工作，從雜誌、攝影寫真集，各式各樣的東西裡，篩選與品牌適合的照片，最後再重組拼貼，在 sinato 公司的帶領之下，從頭開始著手進行。

最後，得到了一個關鍵語「新日本形態」，我們提出企劃——善用日本傳統的素材與技術，為現代生活增添一種新的形態。這不與既有品牌遊中川與其他公司的品牌重疊，粋更展現出只屬於自己的價值。如此一來，我們就確立了粋更的品牌概念。

接下來必須讓每一個人知道粋更的存在。因此，我們再次挑戰，以不同的展覽會來開創契機，同時也決定下一步開設直營店鋪。

首先是展覽會。根據前一次日本東京國際家用紡織品展覽會的經驗，我們嚴格挑選出最容易表達品牌形象的展覽會型態。我所憧憬的是在二〇〇四年，東京目黑的 CLASKA 飯店，立川裕大先生所規劃 BOND 這種非常新穎的展示會。

當時這類的展覽會，主辦人跳脫了業界與專業領域的框架，一點一滴建立並以獨特風格打造展覽會，參展廠商的素質高且各具特色，他們與目標明確的來場者進行交流，這種展覽會場地已經超越了「展示」的功能，能更具體地進行商談，成為展覽、交易的場合。為了讓來場者能看見粋更的商品，親手觸摸、交易購買，相較於一般以提升品牌形象與同業間交流為主要訴求的大型展覽會，顯然我更期待參加這種兼具多功能的展覽會。

然而，若要參加這種新穎的展覽會，必須經過主辦單位的嚴格篩選。由於粹更還沒交出任何成績，對方不可能邀請我們，因此，我只好大膽決定另外參加東京設計師週（TDW）的貨櫃箱展，包含布置展示區在內，參展費用需花費五百萬日元以上，對當時的粹更來說，這是需要下決心的一筆投資，除了有許多傑出的陣容參展之外，我也被主辦單位事務所的說明吸引，他們表示參展者將能建立更好的商業規模。

然而展出的結果卻非常糟糕，與事前約定好的內容完全不同，除了擺放商品的貨櫃箱變少，更糟的是幾乎沒有標示價格。出乎預料的發展，加上不合時節的颱風來襲，猶如雪上加霜，來場者少得可憐，原本預計六天的展期，就在途中宣告終止了，不過，並沒有因此就退還部分參展費用，所謂的禍不單行正是如此吧！

我想參加的並不是單純的展示會，而是貨真價實能夠展覽，進行交易的場合，進而掌握大幅發展的機會，當時在苦無機會的現實之間不停煩惱，所以我認為此刻一定也有許多的中小企業想拓展事業，與當時的我們一樣，面臨厚厚的一堵牆。我意識到這些問題，也促成日後在日本全國各地聚集工藝製造商，實現我們所主辦的共同展覽會「大日本市」。

苦惱如何展店

雖然一連經過日本東京國際家用紡織品展覽會與東京設計師週的空轉失敗，但是我們遇到了一個新的轉機。在負責商業空間規劃，進行店鋪裝修、設計與施工的著名企業「船場公司」中，有位加藤麻希小姐，她在東京設計師週參觀過粋更的展覽，不久之後與我們連絡。

這類公司主要承包商業大樓或大型購物中心的室內設計裝修，在許多資訊公開揭露前，他們都會提前得到開幕或整修的訊息。此外，他們也與租賃企業密切往來，擁有為雙方媒合的功能。其中船場公司擁有專業的團隊，積極尋找開設店鋪的企業並提供服務，而加藤小姐正是承辦人。

我在展覽會之後，思考接下來準備為粋更建立品牌，尋找據點開設直營店鋪。只靠展覽會或業務行銷，不管如何推銷、展示商品樣本，要完全傳達品牌價值與世界觀是相當困難的，但相對地，實體店鋪反而擁有許多與顧客直接接觸的機會。粋更這個品牌要將什麼化為有形、而這些商品為何存在、是誰透過什麼方式製作……這一切都能透過店鋪設計、生活用品、展示陳列，以及銷售人員接待客戶地過程中，逐一詳細介紹說明，這些也都是我在遊中川的幾間店鋪中所學習來的。

然而，當時我卻不知道如何做才能開設店鋪。不管是遊中川的玉川高島屋購物中心的店鋪也好，伊勢丹百貨新宿總店也好，非常幸運地，都是由對方提出開店需求，我只是點頭答應而已，但一旦自己想開設新店鋪時，卻不曉得該從哪裡開始著手才好。

我常透過報紙才得知大型商業設施的建設計劃，往往想參加都來不及，而且幾乎沒有任何公開招商的訊息，如果不是因為內部整修或既有店鋪撤櫃伴隨而來的招商資訊，新店鋪的籌劃幾乎都在檯面下進行，當時我完全無法理解這樣的規則。

船場公司的加藤小姐從基礎開始指導我，思考開店地點，哪一類型的店鋪，並且提前連絡像她一樣角色的人，就能在一開始的階段，得到購物中心開發商或百貨公司的內部訊息。

接觸開發商或百貨公司內部後，他們能站在客觀的角度，用第三方的專業提供資訊，信用度相對也高，在開店的交涉中，招商的一方也能更順利地進行推展。這些經驗都是從加藤小姐那裡學習到的，托她的福，讓遊中川與粋更在選擇店鋪地點時能精準無誤。

我想公司能夠成長茁壯地走到今天，這是其中一個關鍵因素。

只不過，我們實現開店攻勢仍然花了一些時間。成立粋更即使過了一年，各種嚴峻的考驗依然不變，於是我們開始思考撤退這個選項。

決定在表參道 Hills 開店

接近二〇〇四年的年關，突然因為某天的一通電話，改善了經營的窘境。但並非由對方打來，而是我打電話過去的，對象是森大樓的表參道 Hills 招商租賃的承辦人。

我得知森大樓在表參道同潤會舊公寓用地，將改建新商業大樓的資訊，在那年的夏天，我連絡對方，表示想承租店櫃，才知道原來競爭相當激烈，所幸借助了 sinato 公司的力量，首先通過了文件審查這一關，為了讓沒有實際業績的粋更獲得青睞，必須先讓對方注意到我們，才能有後續進展。因此，我們選擇的方法是，從茶道用具中找到靈感，要先將繫在傳統桐箱的繩線鬆綁，再從裡面拿出以蛇腹摺法完成的提案企劃書這種手法。

雖然我不確定靠這樣的方式是否能達到目的，不過，我們順利通過了文件審查。接下來是簡報，第一次是在森大樓舉行，第二次則是邀請對方來遊中川的惠比壽店，由我們訴說粋更的目標「新日本形態」到底是什麼。

我們匯集了日本全國各式各樣的工藝素材與技術，以一個品牌去呈現。當然，這不只是單純的聚集而已，而是在同一個價值觀之下，我們堅持理念，進行挑選彙整。我腦中浮現出的是茶道的千家十職[13]，在表千家、裏千家、武者小路千家，受到三千家御用茶道用具製作的這十個職業家族之中，有袋師[14]的土田家、釜師[15]的大西家等職業工匠。職業家族從千利休的時代，將茶道之美化為有形的東西，並伴隨著千家的腳步，成為茶道的支柱。而現代版的茶道生活形態，將由中川政七商店主導，我們提出新的形式以符合現代人的日常生活，這是粋更期盼的宗旨。

實際上，這樣的概念，基本上與我們目前舉辦「大日本市」的工作沒有什麼不同。陶瓷器具的廠商有丸廣，織品有mino，果乾有堀內果園，以及麻製品的中川政七商店，這些來日本各地的工藝製造商，以大日本市為名，構成了大家齊聚一堂的景象。

然而，我們當時能力還不足夠，不管向哪一家工藝製造商洽詢都不被理睬。後來粋

13 千家十職：專門為三千家（千利休家族：表千家、裡千家、武者小路千家）生產茶道用具的十個家族，其中包括與茶道有關的漆匠、木匠、金工匠等十個職業的尊稱。

14 袋師：製作茶道用具中收納茶罐袋子的職業工匠。

15 釜師：製作茶道用具中燒水用的茶釜（鍋、壺）的職業工匠。

更步上軌道，加上諮商的服務成果卓越，才得以實現大日本市的計劃。

就這樣在關鍵時刻，我們不願放棄，也不忘記過去做不到的事。但也不因此過度拘泥，而是把該做的事情做好，紮實穩健地繼續前進，實現的一天也終將來到。我認為經營企業必須具備這樣的韌性。

話題再回到我們在森大樓的簡報上。雖然我們並沒有將所有商品準備齊全，但在簡報時，我們根據數據資料，充分證明中川政七商店如何將工藝製造網路確實做好。

我感覺簡報的一切都在掌握之中，然而經過了一個月、兩個月之後，卻依然沒有任何回音，沒有被選定上也就算了，但希望對方至少能明確告知一聲，後來我實在按捺不住，就自行打電話詢問森大樓。

結果，負責人表示：「啊！已經確定沒問題了。」答案令人感到意外。說真心話，我們為了簡報努力付出，其實更想聽到讓我們充滿成就感的回答。不過確定能開設店鋪，已經不能再多奢求什麼了。我們就靠著這起死回生的一棋，決定繼續經營粹更品牌。

我連絡了 sinato 公司，結果他們比我還開心。後來我才聽說，申請成功的機率只有八分之一，如果不是靠 sinato 公司的力量，我們應該無法突破這道窄門，甚至粹更這個品牌也無法繼續經營下去。在決一死戰的關鍵局面，能夠遇到這麼棒的伙伴，或者說能夠吸引他們的注意，也是我這個經營者的強項之一，我對此感到自負。

不過能夠輕鬆沈浸在喜悅的心情裡，也只有這短暫的一天而已。隔天我們立刻感到排山倒海而來的壓力，在高租金的黃金地段，要怎麼做才能創造利潤，店鋪該如何設計，商品開發是否來得及，需要決策的事情實在太多了。

我們以首次開店為契機，重新檢討品牌概念，打出了「日本的饋贈禮物」企劃，其中包含了我們想表達的兩種心意——期許大家能夠「提到饋贈禮物時就想到粹更」選擇這個品牌，以及將日本自古以來的優良物品，送給我們的下一代。

接下來開幕後的一年多裡，每一天的日子猶如波濤洶湧一般。我至今仍無法忘懷二〇〇六年二月十一日，粹更的旗艦店在表參道 Hills 開幕的這一天。

緊接著我再度確認了經營零售業在打造品牌上如何發揮成效。經營狀態持續低空飛過的過去就像不曾發生一樣，表參道的店鋪開幕後，粹更就此一舉成名。

第二事業部的舊辦公室。
庫存商品堆放在辦公室裡。

第二章 把家業當成公司經營

建立公司組織架構

二〇〇六年二月，粹更的創始店在表參道 Hills 開幕之後，令人不可置信地，過去諸多不順一掃而空，展店與交易的提案邀請出乎意料連續到來。隔年，進駐在六本木開幕的東京中城（TOKYO MIDTOWN）裡的生活家飾、雜貨店鋪之中，約有五家左右表示想採購我們的商品而提出需求。

事實上一開始我早已清楚，東京中城在開幕時提出的理念「Japan Value（新日本價值）」與粹更的八字相當契合，雙方雖已談及開店事宜，不過由於我們已先決定落腳在表參道 Hills，考量無法在租金高昂的地點一口氣開設二家店鋪，因此才有暫緩在東京中城設點的這段軼事。

當時，在新開幕的商業設施裡，雖然流行導入和風精神的做法，實際上一旦將商品上架銷售時，選項就變得非常有限。將商品集中在一處，也正是這個原因。當然，無須多言，銷售不佳的商品也無法進駐開設店鋪。因此在表參道 Hills 裡能擁有店鋪，便足以證明粹更所擁有的實力。

我們不僅只有商品獲得好評，從店鋪整體概念的規劃擬定，到名片與購物提袋等有著圖案設計的相關備品或商標，我們都請教了折形設計研究所的山口信博先生之後才製作完成。還透過山口先生介紹小泉誠先生來著手設計店鋪、指導銷售員工的待客之道……等。毋庸置疑，正是這所有的一切成就了粋更這個品牌。

過去跑業務時，我曾吃過一流家飾生活雜貨店鋪與有名選品店的閉門羹；後來他們釋出善意，表示想採購粋更的商品。看到我們的商品陳列在這些店鋪時，至今我仍然無法忘記當下的那份感動。這是第一次自己從零開始打造的品牌，如此受到社會大眾的認同，我著實感到喜悅。

粋更也初次挑戰嘗試採購商品。以「日本的饋贈禮物」為構想，我們挑選其他品牌的商品陳列在店裡，這些工作看似再自然也不過，但是對於一直擔任製造商的我們而言，都是第一次的經歷。

當時公司裡沒有人有這些經驗。我們推派石田香代小姐為領導，擔任表參道 Hills 店的店長，之後更晉升為粋更品牌的經理，從開拓進貨端到訂單業務，在不斷嘗試錯誤之中，找到最佳的進貨方法，完成相關規定準則的制定。因此可以這樣說，包括自己公司

二〇〇六年開幕的
「粋更 Kisara 表參道 Hills 店」

的商品、其他公司共同開發的商品，以及採購進貨的商品，這些陳列於現在遊中川與中川政七商店的店鋪原型，都是在這個時期所累積的經驗。

在背後支撐粋更向前飛躍邁進，要歸功於公司的組織，從商品管理、進貨出貨、財務會計到業務系統這些單位。話雖如此，這一切並非已達到出類拔萃的高度，以一般企業而言，其實是極為理所應當的水準，因此可看出中小企業的經營確實相當困難。

首先是財務，我在進入公司時，無法精準地掌握各部門的損益。身為社長的父親吩咐我將專職雜貨的第二事業部轉虧為盈，但由於公司沒有把銷售管理費用按照不同部門分攤出來，因此我無法釐清赤字到底有多少。

進入公司後，我立刻嘗試以會計軟體來管理部門別，但出了很多狀況，例如管銷費用要如何分配到哪一個事業部有時會出現異狀、即使是一樣的費用也可能會被歸到不同科目、或是每月結算之後，自動匯出的費用款項也變得零碎不完整……這都是由於一直以來財務會計單位的計算方法太過粗略草率所致。結果到完全弄清楚不同部門的損益為止，一共花了兩年以上的時間，當時第二事業部的損益終於由虧轉盈。

業務效率與競爭力的關係

商品管理與進出貨在一定的階段之前較為閒暇。總公司約有一半的空間是倉庫，出貨作業也在同一地點進行。忙碌時期會聘僱計時人員來補足人力缺口，而社員、理事全體總動員協助作業，也並非稀奇之事。然而，隨著營業額增加，出貨量也變大，此一模式最終也面臨了負荷的臨界點。當總公司與倉庫不得不認清這一點後，在二〇〇四年，公司決定委託物流倉庫業者承包處理商品的保管、庫存數量管理、出貨作業、包裝、寄送等工作。

在當時的不久之前，中川政七商店導入了一種管理單品的制度，是在商品標上 JAN 碼[16]。百貨公司過去會要求每一件商品都貼上該公司的標籤，如果順利賣掉，當然就沒什麼問題，但如果因為一些原因退貨，轉至其他百貨公司時，就必須將貼上的標籤撕下，重新再貼上新店鋪的標籤，而當時中盤商進退貨的比例占多數，對我們公司的負擔相當大。

試著調查之後，我們才弄清楚，有一種遵照日本工業規格（JIS）所制定的 JAN 碼，規定了標準商品應如何標示。每一件商品所貼上的標籤碼，在世界上僅有這一件，不論到哪裡都能適用。如此一來，庫存管理與進貨工作變得格外輕鬆，在成本上也只需要一些登記管理費用就可以了。因此，我們便決定盡快導入這項系統。

然而，這樣卻似乎有些操之過急，在二〇〇二年當時，仍有許多百貨公司尚未導入 JAN 碼系統，姑且不談成衣產業，我們光看家庭用品或傳統和服等賣場，許多人甚至還不

16　JAN 碼（Japanese Article Number Code）：依照日本工業規格所制定，在商品流通過程中用來區分和識別物件的號碼。可視為是商品的身分證，不同款的商品各自擁有不同的號碼，申請制定完成後可在不同的通路中使用同一組號碼建檔管理。

知道有 JAN 碼的存在。在束手無策之下，我們只好臨陣磨槍，消化這些知識，向百貨公司的工作人員仔細解釋這項制度。最後，終於獲得百貨公司的回應與處理。

即使是大企業，實際上也未必會朝向資訊科技化的方向前進，老舊落後的系統更新，需花費更多成本與時間，甚至在提升效率後，造成閒置人力，大企業有各種五花八門的原因。對靈活的中小企業而言，反正也和這些原因無緣。但正因為是中小企業，為了減輕工作現場的負擔，應將經營資源集中在主戰場，必須確實學習並活用資訊科技，同時也應該經常發揮影響作用，給客戶一些這方面的經驗回饋。

那麼回到原來的主題，活用物流倉庫之際，好不容易導入這項 JAN 碼，有了非常大的助益。進貨、分配、保管、出貨、盤點，都能透過 JAN 碼來管理，而這些都是為了將物流業務委託外部承包的前提要件。

位於奈良與大阪交界處的生駒郡，有一所朝日倉庫的據點，拜 JAN 碼所賜，委託業務得以順暢無礙，倉庫起初只有數十坪的空間，現在已經擴建到五百坪了，庫存管理工作也交由委託承包業者負責。

實際上，在找到朝日倉庫之前，我們曾經遇到一件非常糟糕的事情。透過當地金融機構的介紹，本來與一間倉庫業者談妥業務委託的具體工作，然而不知為何，突然遭到對方單方面提出終止合作的聲明。

我們原已做好計劃，開始進行相關工作，怎麼可能就此輕易退出。總之，只能先去對方的公司當面問個清楚，但卻在數名身強體壯的司機圍擋之下，無法得其門而入，當下心想怎麼能有這種毫不講理的事情發生，對於隨便介紹這間公司給我們的金融機構實在感到憤怒。不久之後，在會計事務所的介紹下，我們才有緣遇到朝日倉庫，成為現在的合作夥伴。就結果而言，算是好事一樁吧。一想到如果就此與那間大有問題的倉庫業者合作，不禁令人全身膽顫。

將業務系統與零售事業配合起來，則是在表參道 Hills 店鋪開幕的二〇〇六年春天之際。在我進公司之前，雖然已建置完成批發的銷售管理系統，但卻沒有預料到會有零售事業這個項目。因此，在店鋪出售商品之後，店員每一次都要將商品號與銷售數量記錄下來，在打烊之後再彙整當日的銷售總數量，傳真給總公司，總公司的女性業務事務員再將這些資料一口氣輸入到系統裡，我想這實在是一種缺乏效率的處理方式。

零售的業績愈成長，事務工作也會不斷增加，但公司無法只為三、四間店鋪而投資零售專用的系統。在擴增到第十間店鋪之前，或多或少還能撐過去，我心裡一直這樣想。等到包括遊中川在內的第十一家店鋪「粋更表參道 Hills 店」開幕時，我終於完成期盼已久的願望。

可想而之，最喜悅的就是店鋪員工了。他們不但能即時掌握庫存數量（以前的做法是以電話詢問總公司，但卻常發生應有庫存反而缺貨，不該有庫存的商品卻還存在於倉庫裡），在打烊之後再也不需將資料彙整給總公司。如此一來，就能擁有更多時間接待顧客，也減少了讓顧客等待的時間，提升更好的服務品質。

相較於商品、店鋪或是網站，這些業務的裡層部分，雖難以從外部看出任何端倪，但我認為它是影響競爭力的一大因素。到目前為止，我的著作主要以設計或提升品牌為重心，還沒有機會碰觸到這一部分，不過我認為企業在持續保持競爭優勢上，提升業務的效率與品質是絕對不可或缺的，因此在本書裡也提到了此一重點。

在諮商時我也會給予建議，首先應從改善業務流程與生產管理方面來著手；至於打造新商品與品牌，則是在完成這些項目之後才進行。不僅工藝製造商，有許多偏鄉地區的中小企業都像過去的中川政七商店一樣，沒有將這些基本的事情做好，說是等於沒在經營，也一點都不為過吧。然而正因為如此，我們僅需將這些理所當然的事情化為日常，情勢就會大幅扭轉，進而實現領先其他企業的夢想。

不過，即使有了這些獨特的策略與優異戰術，如果不具任何執行力，那也只是紙上談兵而已。我們必須將眼光放遠至中長期的業務拓展，紮紮實實累積工作的改善經驗。

員工一直以來的不安

以競爭力的源頭來看，我們絕對不能忘記「人」的存在。在我著手改革之際，資深員工一個接著一個離職，二年過後，幾乎已沒有任何人留下來了。偏鄉地區的中小企業在招募新員工時，非常難將理想的人才齊聚一堂。因此，我一直為人事的問題煩惱，我期盼與優秀的人才一起共事，從以前就非常明白其中的重要性。

然而，我卻在二〇一〇年左右才真正瞭解，如何讓員工產生動力，進而發揮實力，為共同目標齊心協力的真正意義。

我待在公司的時間比誰都還要長，常揮著滿頭大汗思考，所以前進的方向與速度必然由我來決定。當然，設計與生產管理等需要專業知識與經驗，所以必須專業分工，當時我認為，在自己描繪的藍圖裡，每一個人若都能在各自崗位上，發揮自己的實力，就能匯集為組織的力量了。

但是，一位打工員工的一句話，改變了我的想法。在招募與人事制度趕不上拓展事業速度的時代裡，我們讓打工的員工擔任店長職務。某一天，突然有一位員工對我說：「我不明白社長思考的東西。」我記得這是在二〇〇五年的事情。

「我已經下好了一切指令，就算你不清楚我說的事情，也知道該去做它吧！」我回了話之後，員工如此回應：「是這樣沒錯，但如果我明白你說的想法，就能自行判斷一些事情，把它做得更好。」平時這位員工並不是特別冷靜，也不是出類拔萃、主動積極的人，但正因為如此，這些話在我耳邊迴盪不已。

正如同她說的一樣，我的確下了該去做什麼事情的具體指示，然而為什麼這樣做，可以得到什麼效果，我完全沒有告訴她。隨著公司成長，相對的員工與我的距離也變得愈來愈遙遠了。我開始思考，為了讓公司成長，我們增加店鋪與人手。中川政七商店為何而存在，預計完成什麼目標與遠景，以及將它化為具體事實後，我們所重視的價值觀，必須以簡單明瞭的方式，傳達分享給全體員工。

正巧就在這個時候，我們正計劃修訂人事制度。首先，我們將所有打工的店長升職為正職員工，接著廢除家庭津貼、房屋津貼等津貼項目，另外導入年薪制度，對工作績效表現良好的員工，我想確實用評鑑與薪資做出回饋。

家庭津貼或房屋津貼對撫養家屬的年長男性，容易變成一種欠缺公平性的特別禮遇。在我進入中川政七商店以前，男性業務員容易高傲，女性事務員的地位卻在男性之下，成為一種奇怪的階級制度，在過去主力事業放在茶道用具為主的第一事業部，這種現象特別明顯。因此，我更加有感，年齡或性別都是無關的因素，公司必須以實際作為與績效來評鑑員工，才是正確公平的制度。

在新制度實施前，我們調查了員工的意願，做了問卷調查。除了人事制度的項目以外，順便詢問大家對公司未來發展性的看法，結果出現了令人意想不到的答案。全體員工有七成表示對將來感到不安，這項回答與業績成長呈現出截然相反的結果。

「我的表達根本沒有讓大家明白。」我深切感受到這一點，糟糕的並不在員工身上，而是我自己。不論目前的業績，或是將來的計劃，除了少部分的公司幹部，我沒有告訴任何人，更遑論遠景或理念了，我從未開口提過這些。

從茶道用具到生活雜貨，中盤商到零售商，在事業轉變的過程中沒有任何說明，員工感到不安也是理所當然吧。所以趁這個機會，我開始認真思考，公司的發展方向，也就是明確公開遠景，如何與全體員工齊心協力，運用方法共同完成目標。

就像自己心境轉變獲得印證般，我在二〇〇七年寫下的中期經營計劃書裡，正提到了「想為從事日本傳統工藝的製造商、零售商注入活力」，原本以為還需要再過一些時間，但在這次檢視過去的資料時，我發現了這些令人驚訝的內容，雖然遣詞用句上有些許不同，但內容與目前的「為日本工藝注入元氣」一樣，幾乎沒有任何改變。總之，就是從這個時期開始，我對員工公布遠景，告訴大家中期經營計劃書裡規劃未來三、五年後公司的目標。

「企業心法」

只是靠著提出遠景，要全體員工齊心協力當然是困難的。為了取得每一位員工的認同，透過每一天的工作，朝同一個方向前進，我們必須採取一些方法與教育。說到中川政七商店，工作的精神準則為「企業心法」，而在一般業務上的判斷基準有「工作標準」。

「企業心法」全部一共有十條項目，雖然每一條項目都簡單明瞭，但其中深奧之處，則隨各人去思考解讀，並期望能具體表現在工作上。然而，這可不是將十個項目擺在眼前，就能毫無滯礙順利理解的內容。

我也會把握時機，將它以自己的語言向員工仔細說明，每個月一次，依據當時想表達的重要事項，用電子郵件發給全體員工，多次以「每個月的主題」來引用其中內容。在這裡介紹摘錄精華。

「企業心法」

1、講求正確

對自己、對顧客、對交易客戶、對同仁、對公司「要做正確的事情」。無論對任何人，在自己的心中，正確的想法應只有一個，如果化為言語，就是身為人應做的正確事情，別無其他。有時在工作場合中，明明知道正確的事為何，卻往往找各種理由藉口，將應該做的事情拋在腦後，而做了不該做的事情。不應養成偏差扭曲的習性，請重視「正確的事情」，遵循它並付諸行動。

2、誠實

所謂的誠實，就是帶著認真，以及真心誠意，擁有一顆為對方著想的心，不說謊。凡事只想到自己（自己公司）好，事物肯定無法維持長久，說謊亦然，無法繼續持久。認真地為對方著想，最終會回報在自己身上。為對方著想，認真勤勉做事，就是誠實的行為。

3、引以為傲

期許大家能對自己的工作引以為榮。不論計時員工或正職員工，應認真看待自己的工作，把事情做到自己認同滿意，做出成果，如此就能引以為榮。這樣一來，下一次的工作，就會思考如何無愧於心，自己心中的要求標準也會隨之提高。所以，首先要做的，就是帶著自豪去認真工作，接著就能無愧於心，把工作做好。這樣的員工不斷增加，我們自然會成為一間足以誇耀的公司。

4、維持品格

所謂品，指的是東西的好壞程度，以及人類自然具備人格的價值。它難以道理來測量，應具備什麼才能稱得上有品格，這是多元面相的，並非靠品的有無，就能夠決定一切事物的好壞。縱然如此，仍期盼我們能成為有品格的公司、有品格的品牌。對中川政七商店而言，品格到底為何物，每一個人應各自去感受、思考，凡事請意識品格後再付諸行動。

5、積極向前

工作上有相當多辛苦的事，在這個時候，反省和感到消沈也都是重要的，我們可以從其中學習許多事情。不過，我們的面容應當展現出積極向前的態度。面對迎面而來的強風，我們可以瞇眼站在原地，但是千萬不能低頭或轉過頭。如此堅持，一定能再度睜大雙眼，大步向前邁進。以誠摯率直的態度，正面迎接所有事物，這就是「積極向前」。

6、持續邁進

情勢瞬息萬變，我們要有因應措施，萬全的準備。即使立場處於劣勢，更不應停止步伐。請思考前行的意義，持續邁進就能看到只屬於其中的風景。請持續走下去吧！

7、相信自己

工作上何謂正解，任誰都無法預知答案，所以請相信自己。對自己的判斷或行動感到後悔，會漸漸失去自信，開始逃避判斷或行動，而這樣的懦弱會讓自己更加誤判或行動錯誤。因此，我們只能相信自己。

8、全力以赴

如何相信自己，最好的方法就是把事情做到盡善盡美，把自己的能力發揮到極致，做到最好，就能夠相信自己。

9、保持謙虛

謙虛與「感到自豪」、「相信自己」並不互相矛盾。正因為感到自豪，相信自己，才更需要保持謙虛。認同自己不足的地方，時時刻刻不忘提醒自己，對自己、周圍的人保持謙虛的態度。

10、樂在工作

工作占去一天裡的多數時間，無法樂在工作，就會成為一件辛苦的事情。對自己的工作引以為豪，把該做的工作做到最後，產生成果，與大家共享這份充實的感覺，這就是我所思考的「樂在工作」。我希望大家能快樂工作，進而成為一間快樂的公司。

政七祭典中的工作坊
（二〇一六年八月攝於堂島飯店）

我們公司的「工作標準」參考了 Oriental Land[17] 的行動規範準則「SCSE」的方式。「SCSE」的縮寫分別為安全（Safety）、禮貌（Courtesy）、表演（Show）、效率（Efficiency）。這是在面對任何突發狀況時，遵循文字優先順序排列的行動準則，之所以在一夕間受到矚目，是由於發生了東日本大地震。

東京迪士尼度假區位於千葉縣浦安市，大地震導致土壤嚴重液化，遭受巨大災害，在當時一片恐慌混亂的情況下，演員們（在東京迪士尼度假區的工作人員的稱呼）展現出完美的處理方式。確保了來園者七萬人的安全，並引導兩萬人暫時在園區裡渡過一夜，安撫大家的不安與解決寒冷的問題，靠著他們的冷靜判斷，提供平時備妥的急用紙箱，分送販賣用的飲料食物，這一切都必須歸功於 SCSE 的行動準則，才能讓工作人員採取正確的行動，將安全視為最優先，引導疏散大家至安全的環境。園區能夠提供安全放心的遊樂空間，這項行動準則顯得極為重要。

我們中川政七商店的「工作標準」有三項，依序為體貼、美的意識、累積。最優先考慮的是對他人的體貼，接著是經常保持美的意識，最後是將此刻的工作連結未來，成為一種累積。這代表了我們將對方的想法、自己的意識、工作的積蓄，這三項主軸做為

17 Oriental Land 是一間日本公司，負責經營、管理以東京迪士尼樂園、東京迪士尼海洋為中心的東京迪士尼度假區。

工作判斷基準。

我們每年都會為此舉辦一次「政七祭典」，這項活動就像年終大會一樣，全體員工齊聚一堂，以一個主題進行討論與團隊工作。順帶一提，第一次舉辦是在二〇〇七年，主題是「連繫」，結果呈現出員工彼此不清楚其他部門在做什麼，沒有成為共同體的想法意識。

然而，要讓員工發自內心理解，認同遠景與共享價值觀，我認為這樣做仍不足夠。目前我持續摸索各種方法，希望大家能為共同目標齊心協力。

不停出現的黑函

我們修訂人事制度，與員工的同心合力，準備開始一起努力，正覺得順遂時，卻發生了一個事件。有一封誹謗中川政七商店的黑函，收件人為政府行政機關的公正交易委員會，以檢舉函的方式，分別寄到我們設櫃的購物中心營運處與百貨公司，以及與我們往來交易的金融機構。

在第一時間告訴我們收到黑函的公司，是與我們交情深厚，在車站裡的購物商場「ecute 品川」。他們給我看了傳真的內容，我心中不禁升起了一股憤怒。上面寫的內容，提到了中川政七商店以國外生產的麻原料，偽裝成日本國產標示進行販賣，這完全是子虛烏有的中傷誹謗。

我的祖父巖吉是第十一代繼承人，在他的時代裡，麻原料的生產據點曾經遷移至海外，當時若只靠技術熟練的織麻人員，在日本國內的事業將難以延續，因此，公司被迫面臨選擇機械化生產，或是將生產據點遷往海外的兩難之中，在深思熟慮下，祖父最後在韓國親手栽培訓練織麻師傅，選擇了手編、手織技術的傳承之道。之後，再將生產據點遷移至中國，因此，雖然現在我們是以中國織好的麻原料，在日本製作完成商品，但是我們不曾造假標示為日本國產，所以檢舉黑函上提到的內容，完全與事實不符。

我接獲通知時，時鐘的指針剛好轉到晚上七點，當時在情急慌張之下，我詢問了其他交情較好的商場業者，有些人也表示收到相同內容的電子郵件。百貨公司對這種不確實的標示，處理上會特別謹慎嚴格，只要發現任何疑慮，商品恐怕就此下架。這問題若不立刻處理，可能會造成更糟糕的結果，所以此刻我明顯感到自己體內的腎上腺素飆升。

對於沒有事實根據的指控，我整晚熬夜，以合理的邏輯，清楚明白地寫了一篇說明文章。另外，也對所有店長解釋一遍詳情，指示大家隔日一早，立刻將這篇說明文章，交給各商場的管理負責人，並且詳細說明解釋。對這種事情特別謹慎嚴格的百貨公司，則由我親自前往說明。

萬一有其中一間百貨公司，要求在查明真相之前，暫時將中川所有的商品從賣場全面下架的話，其他百貨公司同業恐怕也會跟進。我們不難想像，一旦商品下架後，要再上架回到賣場，並不是件容易的事情，所以百貨公司才由我親自說明解釋。所幸，他們都能夠明白這一切出於捏造，才能大事化小，小事化無。

另外，金融機構的反應也格外令人意外。據悉，收到這類誹謗黑函就像家常便飯一樣，他們一點也不感到稀奇。然而，我們對這種事一無所知，只能拚命想出因應對策，還好到處都聽得到稱讚我們危機處理能力的聲音，大家表示能夠在第一時間做出正確的處置，實在是非常罕見。

最令我高興的是，大家都對我們的店長陣容讚譽有加，經過這些充滿自信的店長們仔細說明原委後，反而得到更多信任，同時我也對她們（所有店長都是女性）感到信賴。我打從心底認為，大家能夠成為公司的一分子，真的是太好了。

如果這些店長的身分都是打工人員，情況又會是如何呢？我想她們應該也會做相同的事。不過，基於「我們絕對沒有說謊」的堅信之下，我不清楚我們是否能心懷熱忱詳細解釋，讓購物中心與百貨公司的人感到驚嘆。不過「我們」公司與店長們，能設身處地為公司著想，這比任何事情都還要令人振奮。

開始走向最佳狀態

由於公司員工的工作動力提高，使得業績變得更好。之後，既有店鋪的營收從二〇〇六年十二月起至二〇〇九年三月為止，一共連續二十八個月，與前一年度同期業績比較，呈現了連續成長的紀錄。

另外一方面，隨著公司的風評與知名度提高，員工的能力備受期待，因此工作的品

業績變化統計

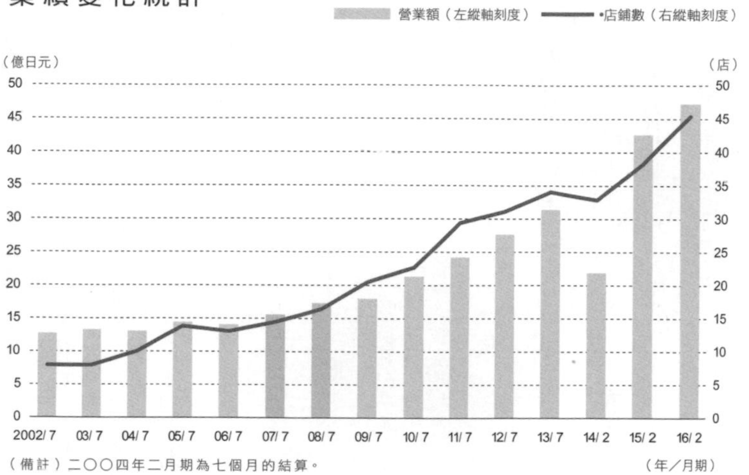

（備註）二〇〇四年二月期為七個月的結算。

質與實力之間的落差，在各種不同場合上變得非常顯著。其中最明顯的就是與創作相關，做出實際成品的工作能力。

我們與栃木縣那須市第二期俱樂部渡假區的飯店合作，共同開發結婚典禮用的原創贈禮，曾以設計師身分為日式點心HIGASHIYA公司設計的緒方慎一郎先生，這次以創意總監的身分為設計進行把關，但直到最後，我們公司的設計師所設計的作品都無法過關。使用的材質與形狀雖然不錯，但在視覺平面設計上完全不行。

我們修改了好幾次，最後因為接近截止時間，緒方先生只好協助將最後成型的作品完成，我看了成品，緒方先生完成的部分確實做得比較出色。所以非常遺憾的，我不得不承認我們公司的能力不足。

我並非替公司的設計師說話，由於她的專業是織品設計，所以不擅長平面設計也是情有可原。當然，以我們公司的規模來看，這種藉口是行不通的，無論平面設計或產品設計，只要與設計相關，任何項目應該都要做得好才對。因此，我們必須藉由實際經驗的累積，提升大家的實力。

然而，以外部專業人士的眼光來看，我們一定有能力不足的地方，好比緒方先生挑出的缺點正是其中一例。我們公司的設計師似乎打從心底悔恨不已，於是我立刻致電給大學時代的恩師，請他推薦平面設計的適合課程，讓我們員工利用假日進修，一切從頭開始學起。

幾年後，粋更欲將原來的商標上加上Tag Line（指商標圖案加上的文字標語、宣傳口號），這份設計工作就交給了這位完成進修的員工，最後完成的作品無懈可擊，就連擔任家飾設計師的小泉誠先生也表示：「公司裡終於有獨當一面的平面設計師了。」我們得到稱讚。而這位員工目前也是我們公司的王牌設計師。

公司內部的設計師具有員工的身分優勢，但不可否認的，同時也會因此鬆懈，靠設計才能吃飯生活的危機意識往往也會變得薄弱。因此，在與外部設計師合作時，我會在開始的階段，盡可能帶著公司的設計師同行，讓大家見習一流專業人士的工作情形。

就算被稱讚，或被貶得一文不值，接受與自己實力上落差的打擊，這種刺激一定會成為自己的資產，我們自己若無法變得更專業，就無法將外部一流人才的力量發揮到極致，我想這種觀念不僅限於設計方面吧。

再不久之後，我遇見了一位專家，他也成為了左右中川政七商店命運的其中一人。

二〇一〇年春天新公司總部竣工（奈良市東九条町）。
以「未來的町屋」為概念，
兼具辦公室、倉庫、展示空間的功能。

第三章
遠景誕生

遇見水野學先生

若是沒有遇見這個人，應該會有人認為中川政七商店的經營型態，一定不會是目前的樣子。這個人就是創意總監水野學先生。

許多經營者會感嘆：「沒有優秀的設計師。」也有不少設計師吐露：「一直都遇到不懂設計的經營者。」而在這之中，我有幸能遇到水野先生，建立信賴關係，為彼此的事業帶來好結果，連我自己都感到何等榮幸。

但是，這份幸運並非憑空降臨，也不是砸大錢得來的。由於得到一些經營者的羨慕，所以我想介紹自己如何招來好運的方法。

說是方法感覺有些誇大，實際上我先自行寫電子郵件給水野先生，再進行拜訪，僅只如此而已。不過親自這樣做的經營者似乎沒有那麼多，一般都是先透過某個人的介紹開始，且多以員工為往來連絡的窗口。當然，雖然我也嘗試過這種方法，但必要時我會直接連絡對方，表達自己的想法，同時也會接受對方的任何反應。

在二〇〇八年當時，遊中川以二十五週年為契機，計劃全面重新設計商標、購物袋與商店名片等，我們靠著手上一本《平面設計的入口》（PIE Books 出版），看能否尋找值得信賴的設計師。

JAGD 新人獎是讓設計師一躍成名，廣為所知的設計競賽，這本書介紹了二〇〇三年獲獎的三人，訪問業界泰斗與當時最具潛力的設計師。三個人在這本書中分別展現出各自的特色，但是我對水野先生留下了最深刻印象。透過閱讀我深刻體會他主導其他兩人掌控全場的情況，我直覺這個人具有領導大局的能力。

設計師的工作是透過設計，與觀看者之間取得對話溝通。優秀的設計師能精準掌控溝通的方式，換個角度看，設計師無法與眼前的人做好溝通，將難以透過設計間接去掌控一切吧。

我念念不忘，想見到這位發揮過人能力，領導全場的設計師，看了水野先生公司的網站，我立刻以電子郵件連絡對方。

當時水野先生已開始接手許多大型的工作，在業界也相當知名，但我沒有任何一絲猶豫就連絡他。我所尊敬的前輩經營者——MARKS&WEB 公司的社長松山剛先生說：「雖然現在中川先生與水野先生的實力不分軒輊，但過去可不是這樣呢。」大多數人的評價或許也是如此。儘管松山先生輕輕稱讚了我這股向上的拼勁，但身為當事人的我卻不太有自覺。

我認為愈是一流的專業人士，對於一般合理的委託都會真誠回應，他們會將每件委託都視為珍貴，一定會展現出一流的風範。所以無論是誰，在必要時刻，我會毫無畏懼去接近對方。

只不過，當時我展現出一付實力比實際上還強的氣勢，因此沒辦法炒熱氣氛，不過對於公司好與壞的情況，我則是盡可能地開誠布公，這一點在接受媒體採訪時，甚至面對員工時，都是抱持相同的態度，這可說是自己特別留心用意之處。

所以對水野先生也是如此，除了介紹自己與中川政七商店後，我告訴水野先生我正考慮重新設計遊中川的視覺呈現，但自己還不確定是否委託，因此希望能夠先見一次面。或許是我率直奏效，水野先生爽快地答應我。

接著，來到初次拜訪的那天，我們的會面時間，比原先預計多超過了三個小時，談得非常深入。就像我提到的，我很確定閱讀那本書過後的直覺是沒錯的。在離去之前，雖然水野先生對我說：「請你慢慢考慮，再決定是否需要我的協助。」但我很清楚自己的感覺。決定要正式請求協助之後，我離開了水野先生的辦公室。

尋求右腦的伙伴

接著，我邀請水野先生來遊中川的店鋪一趟，在第三次見面時，水野先生帶了一份企劃書，讓我非常意外。「這是目前中川政七商店欠缺的東西。」他表示自己的想法都寫在裡面。

水野先生指出一個問題，奈良在日本屬於特別的地區，而中川政七商店在這裡擁有近三百年的經營歷史，這是其他品牌夢寐以求的。然而，我們卻沒有好好利用如此寶貴的歷史財產，未免太浪費可惜。

我明明只有委託水野先生重新設計遊中川的商標而已，但他卻插手公司的經營管理。在經營者之中，或許有人會因此憤怒，認為區區一介設計師憑什麼多管閒事。然而我卻一點也沒有這種感覺。

其中一個原因，是水野先生提到「欠缺的東西」，這是必須認同的。在地球上，大概也只有我比其他人更認真，花更多時間去思考中川政七商店的事情吧。或許也因為如此，我有盲點，沒能察覺這件事情。我認為水野先生的企劃，正所謂一刀切中要害。

先不論自己是否有所察覺，或許另外一個理由是，我想尋找與自己感覺不同的伙伴。如果想以創新來取得成功，除了在邏輯思考時，必須依賴左腦嚴謹掌握事物，還得再加上創造思考的右腦，左右腦並用，才能無中生有。在三十年以前，彼得．杜拉克[18]就曾指出，思考時左右腦運用自如的重要性，而現今這種趨勢更是日趨升高。

多數經營者屬於左腦思考類型，我認為自己屬於左右腦平衡思考類型，最多邏輯思考占七成，創作思考占三成。而在動員組織的事業經營裡，多數時候非常偏重於邏輯思考，但如果只靠邏輯思考，就無法跳脫與其他公司相同的思維，成為出類拔萃的經營者。也就是說，只靠邏輯思考，有時候仍無法尋獲答案。

舉個例子來看，在我開始會與水野先生討論到超出設計之外的事情之後不久，有一次我與他談到一件在商業設施開設店鋪的事情，我判斷在營收方面已達到開店的標準，但水野先生的答案卻是：「可能無法達到營收目標，但對品牌有加分的效果。」有許多

18　彼得．杜拉克（Peter Ferdinand Drucke）：奧地利出生的作家、管理顧問。專精於寫作有關管理學範疇的文章，催生了管理這個學門，同時預測知識經濟時代的到來，被譽為「現代管理學之父」。

研究正在進行品牌價值的測量與評鑑，但據悉目前還沒有一套標準做法。當時，水野先生也沒有將中川政七商店在同一個地區開店與結束營業的品牌價值，以數據去做精確的分析比較。

若說籠統的確是如此，不過，品牌與大家的喜好，本來就是這麼一回事。以金錢去衡量大家的內心看法是相當困難的，不過正因為如此，才有人想尋求慧眼解讀的能力吧。

最終，我還是決定開設新店鋪，它正是二〇〇九年開幕的遊中川東京中城店。不過，我並非照著水野先生的意見決定，而是聽取他的

二〇〇九年三月
「遊中川東京中城店」開幕

意見後自行解讀，以經營者的立場判斷，做出最後的決定。雖然偶爾有一些雜誌報導我們店鋪的資訊，但業績也沒因此顯著成長。水野先生對這件事情的判斷是正確的，他的觀點的確與我不同。因此，在這件事情過後，只要有機會，我都會找水野先生商量討論事情。

遠景誕生的瞬間？

倘若要問苦惱於與設計師關係不佳的經營者與我有何不同，我想應該是對創作相關上的認知差異吧。思考創作的工作，需要有基礎的能力，才能發揮出最大極限的效果。

運用知識的識能素養與品味是不一樣的。一般來說，經營者不會擁有創作的品味或技術，因此無法親自思考設計或動手創作。然而，只要能夠活用知識，就能明白設計的意圖，瞭解創作的功能角色為何，也能藉由設計明瞭實現的目標。換句話說，如果在這個階段沒弄清楚之下就全部交給設計師，不管花再多錢請名設計師，應該都無法得到滿意的結果。

我回來接手家業後，努力培養運用創作知識的素養。在瞭解設計是溝通對話的一種方式之後，觀察許多設計，透過商品的銷路與社會大眾的反應，再以自己的方式去分析成效，進而就能掌握瞭解。就像棒球揮棒一樣，只要好好去意識這點再去做，不斷累積就會成功匯集成一股力量，如果能培養如此的識能素養，就非常有機會像我遇到水野先生一樣，得到一個這麼優秀的伙伴。

因此，此時重要的是經營者的觀念，先擁有識能素養，再選擇設計師，此舉會左右商業設計最終結果的好壞。也就是設計師必須認知，需要靠銷路與大眾的反應來獲取評價，然而不瞭解這一點，或是不想去瞭解的設計師也不在少數。

過去，我本身也曾有過與這種設計師合作的經驗。雖然媒體數度介紹剛完工美輪美奐的店鋪，但最重要的營收業績卻沒有成長，我與設計師討論變更店鋪的設計與格局，設計師竟堅持「沒有變更的必要」，雖然對方沒有把話說得太白，但卻明顯展現在態度上，業績不屬於他的責任範圍，如此一來我們完全無法同舟共濟，一同並肩作戰。

最後，雖然我們找了其他設計師來負責，不過由於這次的慘痛教訓，讓我深刻體會這件事的重要性，經營者在培養識能素養的同時，也需要選擇能夠瞭解經營者的設計師。

經營者對於設計師的特性與實際成績，並不是去看知名度或主要作品這些無法掌握的東西，而是應該清楚設計師在該工作上帶來什麼成果，透徹了解實際成績裡的真正意義，再隨著目標與境況，選擇正確的創作經營管理，這對經營來說是日益重要的課題。即使經營者沒有親自接觸設計工作，但無法瞭解設計工作的意義與維持企業制度的一貫性，經營者與創作的幸福關係，再怎麼等待都不會降臨。

事實上，中川政七商店提出「為日本工藝注入元氣！」這項遠景的誕生也與水野先生有非常大的關係。

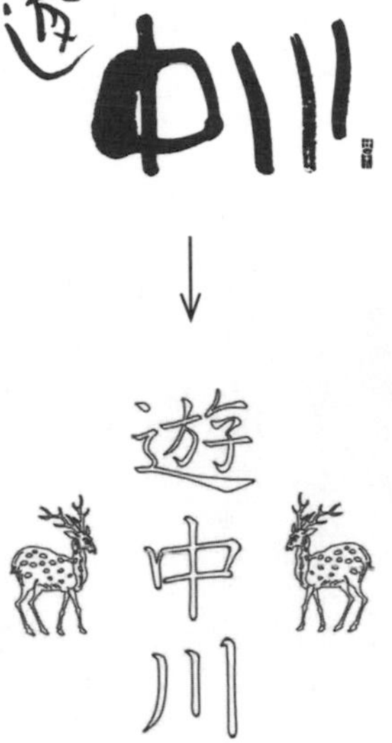

創業時期開始使用
榊莫山氏的書法字為商標
再由優良設計公司（Good Design Company）
變更設計為二隻鹿的圖案配置

我當初回來繼承家業，在摸不著頭緒之下拚命向前衝，經過兩、三年終於懷抱一個夢想，那就是以當時的中川政七商店為生存之道，讓從事日本工藝的製造商與產地不去依賴補助金，靠自己的力量維持經濟，以自尊和努力找回工藝製造的榮景。

現在回頭看，雖然無法鎖定是從哪一天誕生出目前的遠景，不過水野先生卻說：「應該是在我們倆人的談話中確定的。」真相雖在五里霧中，「這沒關係，只要更積極展望未來就好。」水野先生的話不斷推動著我卻是事實。

順帶一提，我當然沒有忘記最初與水野先生面談時，委託他修改商標的事情。當時他隨企劃書附上了最重要的遊中川品牌象徵，經過了數次的修改，才完成了目前使用配置兩頭鹿圖案的商標。

出版書籍

既然提出了遠景，我們卻不從事直接的競爭。我在這段日子深思一些問題，我們是否能為同樣業界的工藝製造商與零售業做什麼事，可以透過什麼方法活絡全國的工藝產地。我決定了一件事情，那就是「直接建立關係」。

倘若能讓知名評論家或媒體持續呼籲，工藝產業仍然有潛在價值，我們應重視優良的日本工藝產品，千萬不能讓精良的技術失傳，除了別具意義，也能產生影響力。

然而，我的身分是經營者，不能只靠嘴巴說或寫作，應去善用中川政七商店的事業，落實在行動中進而活絡日本的工藝，這才是我的工作。既然如此，我乾脆直接深入對方的地盤，從中進行改造就好。當我察覺到這一點時，想出了提供特別針對工藝業界的諮詢服務的點子。

提到日本手工工藝，傳統中工匠師傅擁有精湛技術的印象深植人心，但並不是全部的工藝製造商都擁有如此精良的技術與品質實力，甚至可以說應該沒想像中那麼多吧。我們的公司過去也曾如此。

隨著生活型態的轉變減少需求，我們試著將蚊帳的材質運用在其他產品上，因此創造了「花布巾」的商品，它是中川政七商店熱銷的代表性商品，先不論創意，在開發與製造的過程中，它並沒有使用特別的技術。事實上，也有相當多與花布巾相仿的商品在其他地方販賣，但即使如此，還是有許多顧客表示：「我還是喜歡選擇中川商店的商品。」我們對此相當感謝。

在我回來繼承家業前，母親早已將花布巾商品化了，為它塑造品牌，培育它成為中川政七商店的加分商品，讓它成為顧客能輕鬆自由選擇的商品，產生了非常大的迴響。為此，我在這十五年裡也一直盡心竭力。

過去中川政七商店沒有特殊的技術與核心商品，能夠成長到今天，我認為其他的工藝製造商應該也能辦到。若能擁有精湛的技術，就更得以壯大公司與品牌。因此我確信，就算沒有諮詢的經驗，我們只要複製自己一路以來的經驗，一定能夠活絡其他的工藝製造商。

然而，這裡出現了一個問題，我們公司尚未交出任何成績單，到底有誰會來找我們諮商呢？這些偏鄉的工藝師傅們，幾乎沒人聽過中川政七商店或表參道Hills的粹更品牌。既然這樣，我不如先寫一本書，讓大家知道我們的存在與諮詢事業。

使用奈良名產蚊帳材質的招牌商品「花布巾」用途廣泛，使用時可自由展開或折疊

只不過，以當時區區一位偏鄉的中小企業經營者（基本上這部分現在也是沒有改變），

突然一口氣就要出版書籍，出版社根本不可能邀請我寫書。我只好找認識的《日經設計》（日經 BP 出版社）副總編輯下川一哉先生商量，並約定如果雜誌的連載能獲得好評，再將它集結成冊出版。

我的文章從二〇〇八年三月開始連載。從辭去原來上班族的工作、進入中川政七商店、改善財務與業務系統、以中盤商為重心轉向零售商事業，並增加直營店鋪、改革人

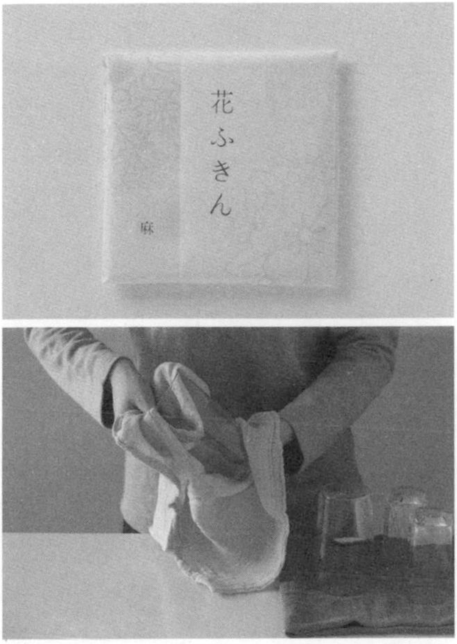

使用奈良名產蚊帳材質的招牌商品「花布巾」
用途廣泛，使用時可自由展開或折疊

事制度、成立新品牌粹更——我從裡到外，毫無保留地娓娓道來，獲得讀者們的良好評價，終於實現殷切期盼出版書籍的夢想，同時希望能對讀者們有所幫助。

我對經營與品牌毫無認知，陷入了惡戰苦鬥時，當時閱讀了許多書籍獲得啟發，真是幫了大忙。另一方面，這些書裡其實看不到中小企業面臨的問題與實際狀況，只能處於赤手空拳面對問題的窘境。因此，這次輪到我來寫書，我不吝嗇的從自己繞遠路開始，將自行摸索尋找的方法與經驗分享給大家，提供給像當年我一樣迷惘的人參考，在連載期間寫稿時，我非常留意這一點。

或許我的想法與讀者契合，托大家的福，評價愈來愈好，於是在二〇〇八年十一月，我的第一本書籍《中川政七商店的品牌打造術：看一家小店如何讓日本企業競相膜拜》（奈良の小さな会社が表参道ヒルズに店を出すまでの道のり）由日經 BP 社出版問世。

第一次看到書店裡陳列著自己的書，那種喜悅實在難以言喻，但我不能就此滿足，我的目的是讓大家知道我們公司的存在，所以，即使再多一位讀者閱讀也好。此時我親自去各大書店跑業務，這裡順便解釋，正常情況下，其實這是出版社業務人員的工作。

經過調查，我才得知在報上的暢銷書籍排行榜，對企管類的銷量有舉足輕重的影響力。我從幾家書店的一週銷量開始掌握，或許能有一些幫助。我一邊思考，雖然不能大聲講出來，我其實下足了功夫，讓幾百冊的書成批賣掉，因此，轉眼之間排行榜的名次就直線上升。

我以更直接的方式努力勤跑業務。其中，到各書店帶著自製 POP 廣告時，書店的人大感驚訝表示：「作者還親自做到這種地步！」當然，我這麼做也是為了推廣諮詢的服務，而且，這一切與我密不可分，即使它只是一本書，我也不允許自己看著它滯銷，我不否認滿腔銷售熱血正在沸騰著。

還好，有許多書店的店長非常親切，聽了我描述後，願意將書籍陳列堆放在顯眼的好位置，我以新人作者之姿，破例獲得了優厚待遇。事隔八年至今，這本書得以再版，讓讀者能夠繼續閱讀下去。我至今仍相當感謝，承蒙當時書店大家的照顧。

成為社長才明白的事情

我就任中川政七商店的社長職務，是在二〇〇八年的二月。在這之前，遊中川與粋更的營運，都是由負責第二事業部的我來管理。但擔任社長之後，我也利用了這個機會，觀察父親負責的茶道用具第一事業部。

當時雖然已是迎接立春的時節，某一天依舊寒冷，我與父親外出，前往天理市的一間壽司店。算算前後的時間，我們父子兩人單獨用餐，似乎只有這次而已。大概家家戶戶父親與兒子的關係都是如此吧。我與父親在一起時，也不會特別去聊什麼，只要一聊到工作方面的事情，最後總會愈來愈不耐煩。因此，至今我沒找他討論過第二事業部的工作情況，而父親也未曾插手介入管理。

平時我不太喝酒，最多形式上以嘴巴碰一下倒好啤酒的杯子，舉杯乾杯時，父親丟出了決定：「我將卸下現任職務，就等於你就當上第十三代社長，我有兩件事情想說。」

父親剖白的第一件事是，在他這一代裡，中川家的財產減少到只剩原來的三分之一。在泡沫經濟期時，我隱隱約約知道，當時父親做了一些冒風險的事情，但我並沒有因此太驚訝。不過他說出另外一件事情，就讓我極為意外了。

「你想讓公司倒閉或怎麼做都隨便你，你喜歡就好，如果倒閉了也要笑著去做。只是有一件事想先說，千萬不要被什麼東西局限困住。雖然我知道你對麻製的東西很重視，但那無所謂，最重要的是去思考，怎麼讓生意繼續做下去。」

我總愛挑戰業界的習慣或框架，凡事自由自在，所以一想到這，我反倒意外「你竟然會對我這麼說？」但仔細思考，不管是父親或歷代的繼承人，為了順應時代潮流生存下去，總是不斷反覆嘗試改變與進化。如果只是拘泥奈良製作的麻原料，中川政七商店早就消失在過去了。想到歷代繼承人的奮鬥與自由奔放，我或許還真的被局限在一般思考的範圍裡。

我不太喜歡規矩排場，我們沒有家訓或社訓，因此不被任何東西綁住而生存下去，這或許正是中川政七商店三百年來，最具價值之處吧。

來自松山社長的禮物

我就任社長後，有一位同為經營者的前輩為這件事非常開心。他正是MARKS&WEB公司的松山剛社長。我們剛好在同一個時間點，於玉川高島屋購物中心承租櫃位開設店鋪，之後就建立了良好的交情。

松山先生經歷了廣告代理公司與商社[19]的工作，回家繼承擁有百年家業的松山油脂，成立了自然派化妝品自有品牌「MARKS&WEB」，展開直營店鋪的零售事業。以經營者的腳步來看，這樣說或許有些冒昧失禮，不過與我重疊的部分相當多。

松山先生為了慶祝我就任社長而請客吃飯，我開心赴約，結果他抱著一個大紙袋現身，我滿懷期待，以為能得到什麼珍奇的賀禮，結果咚一聲放在我眼前，竟然是成堆的文件與筆記。

「你現在成為社長，不知道的事情一定很多吧。你要問什麼都可以，為了能有問必答，我把大部分有關公司的資料都帶來了。」松山先生彷彿視這一切為理所當然，若無其事地輕鬆說著。

19 日本商社：分為綜合商社及專門商社，主要業務包括商品貿易、行銷、貸款、投資，情報收集。日本五大商社通常為社會新鮮人的求職首選。

不用多說也知道，這不是他應該做的事情。雖然我不是他的競爭對手，但也沒有必要將自己公司的資訊，透露給其他公司的經營者知道，我想不會再有人像松山先生一樣如此厚待我。此時，我找不到任何形容感謝他的話，實在有些難為情，但是我想自己不會忘記這天的事情。

在松山先生先教我的事情之中，我對兩件事印象深刻，其中之一是必須確實寫好中期經營計劃書。自從岡本充智先生在奈良的星巴克裡告訴我它的重要性之後，我的確寫了類似的規劃，但只寫了自己負責部門的計劃內容，與經營者應寫下公司整體規劃的內容，在分量上是完全不同的。

第二件印象深刻的事是，不論是好或壞，每年一定要帶著中期經營計劃書去一趟銀行，計劃書的紙本厚度，將隨著歲月增加，如此能夠增加信賴的程度，倘若發生意外時，它一定會在緊急時幫上忙，我相信松山先生所說的，所以之後每年都一定都去銀行拜訪一次。

仔細想想，目前我在諮詢案件中也會對工藝製造商說相同的話。雖然它是經營公司的入門須知，被視為理所當然，但身邊卻鮮少會有人如此提醒自己。我想將對松山先生的感謝，化為一股動力，去支援推動比自己年輕的新世代經營者。

迎接第一批社會新鮮人

我甫上任社長就面臨一份重要的工作，準備迎接公司第一屆大學畢業新鮮人的到來。當然，面試錄取是在前一年實施的，而準備工作則在更早之前。總之，在二〇〇八年四月，中川政七商店第一次採用四位大學剛畢業的社會新鮮人。

在這以前，我們曾破例錄取了學校剛畢業，一心一意想進入我們公司工作的奇特（？）學生，不過基本上過去我們都是錄取能夠立即上陣、擁有經驗的員工。最主要的理由是，學生尚未擁有成為社會人士的基礎素養，公司裡能夠指導他們的員工，除了我以外沒有其他人。有許多中小企業也因為同樣的原因，一開始就放棄錄取大學畢業新鮮人。

比起有工作經驗的人，錄取大學畢業新鮮人及進入公司後的教育訓練，得花好幾倍的精力與金錢。實際上，我自己也為這些事情花了許多時間，例如在舉辦公司介紹說明會上演講、面試，像這樣寫書、上電視接受採訪，其中之一的目的也是為了招募新鮮人，我希望盡可能讓每一位學生都認識中川政七商店，號召更多優秀人才前來應徵工作，因此，也非常樂於接受大學的演講邀約。

我之所以那麼想錄取大學畢業新鮮人，主要是慎重考量了他們對工作伙伴的意識，以及工作時的態度。想徹底改變中途換工作的求職者，其實相當困難。因此，目前中川政七商店的做法是，即使需要具備技術與基礎知識，以及擁有實際豐富經驗的人才，我們也會視實際情況，放棄不適任的轉換跑道求職者。

相對的，大學畢業新鮮人雖然不可能擁有任何技術或實際工作經驗，但也因為沒有多餘偽裝，容易看到原來的內在本質，他們會自然地體貼關懷身邊的人，更難得的是充滿了上進心。如此與生俱來的性情與思考方式，在進公司後，更容易和公司的立場取得同步、並肩工作。因此，錄取大學畢業新鮮人是我就任社長之前的殷切期盼，最後終於時機成熟，我得以在二〇〇八年迎接第一屆的大學畢業新鮮人。

員工與公司是互相選擇的對等關係

我指導員工時，並不會以強烈的口氣來說話，或給他們不合理的壓力，強迫達成目標業績。如果採取強烈手段，或許一時之間可以達到目標，但如此趕鴨子上架，與強迫小朋友做功課沒有什麼兩樣。我的理想是，就算上司不做要求，員工也應發自內心保持工作熱忱，才能努力做出一番成果。

就成果上來看，與其要求定量的東西，倒不如要求定性上的穩定。當然我還是會要求如品牌經理等一定職務以上的員工，應當達成目標業績，不過這並不代表數字漂亮就一切沒問題。比起要求數字，我反而更常指正其他的問題，例如電子郵件內容，應以更體諒對方立場的方式來書寫……等諸如此類的事。

或許有人認為這樣的公司缺乏刺激，給人一種組織太溫和的感覺，但事實上並非如此。在這十年多來，中川政七商店的事業規模與項目已有大幅轉變。當然也有人跟不上改變與成長的速度，過去不喜歡公司組織這種稱呼，習慣猶如牧歌般悠閒的經營管理與工作方式的員工幾乎已全數離職，但我想這也是沒有辦法的事情。

這種思考的本質裡，帶著一種信念，就是員工與公司的關係必須對等。我畢竟是法學部出身，基本上瞭解勞動法的精神，政府制定勞動基準法，是為了改善勞資雙方之間的不平等關係，保護身為弱勢的勞工一方。然而，從一般弱勢應受到保護的認知觀點來看，員工是否就成為一種被看輕的存在了。公司在上，員工在下，如此單純地認定勞資關係真的好嗎？

我並不是因為身為經營者才這麼說，當員工與公司以外的不同關係立場對調時，我也會對上下關係，或者強者與弱者，這種單方面的認知方式感到不對勁。之所以如此認為，是由於自己轉換到較弱勢的立場時，感受特別強烈。主要也因為我的個性實在無法容忍不對等的關係吧。

舉例來說，當中川政七商店的商品陳列在百貨公司或家飾生活店鋪時，對我們而言，它成為了非常重要的交易客戶。而現在與過去的差異是，現在邀請我們開店的聲音雖然增加許多，但是過去為了得到合作機會，幾乎都是我們主動拜託，即便如此，我也不曾認為對方與我們屬於上下關係，甚至當對方提出稍微不合理的要求，我也不認為那是無可奈何、只能遵從的事情。

我將想法告訴建築師吉村靖孝先生，委託他進行設計，他提出了「為了生活而工作的未來町屋[20]」這項概念。在奈良與京都的町屋，面對道路前門的空間，常用來做為店面或工作場所，而町屋的深處則為居住空間。吉村先生採用這樣的構想，融合運用在市郊的住宅用地，希望能成為一棟創作式的建築。

吉村先生完成了我的期待，兼顧活絡街坊與居家寧靜的特色，外觀鮮豔、細長的一體相連屋簷式設計。辦公室、展示間、倉庫，隨著不同的功能，以不同的顏色來區分，而這些顏色的創意，正是來自和服的麻布料。由於過去飽受狹窄與寒冷之苦，我希望有開放式的環境空間，能感受光線與通風，因此正門的牆全部採用透明玻璃，光線也能透過天窗照射進入屋內。

吉村先生為我們設計新公司總部的建築物，榮獲了日本優良設計獎中小企業廳長官獎與日經新辦公室獎，除此還有建築雜誌介紹，獲得非常高的評價。還好我們運氣不錯，沒被相關人士責備，由於竣工是在二〇一〇年，當時金融海嘯餘波未平，我們得以將建造總費用控制在預算之中。

其實在吉村先生之前，我曾經委託另一位建築師妹島和世女士，雖然她提出了初步

20 町屋：都市型日式民宅的一種，多間緊連在一起的商店與住家一體式建築物。

的建設計劃，但預算大幅超過我們事前提出的金額，考量實際問題難以妥協，只好婉拒提案。吉村先生本身是相當受到矚目的年輕建築師，在明知預算不足的原委之下，他仍以符合實際預算的條件，提出了一項魅力十足的建築設計案。由於當時建築業在一片不景氣的氛圍當中，我們才得以大幅壓縮支付給建設業者的建築費用。

順帶一提，妹島女士與吉村先生，都是由水野先生推薦的。妹島女士在我們新總部竣工那一年，榮獲了建築界的諾貝爾獎——普立茲克建築獎的殊榮，而吉村先生也在不久之後進行了一項計劃，運用海運規格的貨櫃箱在建築上，提供給災區居民，不過它並非短期使用，而是能夠長久居住的組合屋，他為建築業界刮起了一陣旋風。雖然到現在才提起，我實在讚嘆水野先生當時對此獨具慧眼。

另外還有一位自己人，我一定要將這位員工的名字記錄下來。她是在公司內部公告後，自告奮勇擔任新公司建設專案的連絡承辦人的岩井美奈小姐。她周旋在設計事務所、建築承包商、政府行政機關、鄰居等相關人士之間，協助複雜的溝通協調事宜，雖然她在大學修過建築課程，但對於一個大學剛畢業的新鮮人來說，壓力負擔勢必相當沈重。如果忙不過來，其實大可開口告訴我一聲，但她卻超乎想像地盡心竭力，優秀地完成了都一樣，肯定無法對這種未來感到滿足。最重要的是，工作起來一點也不快樂。

為了帶給日本工藝活力，首先中川政七商店本身必須展現出活力，因此需要一個好的工作環境，才能更有效率激發大家的創造性，發揮比過去還要更棒的能力。稍微挑戰自我極限能帶來成長，公司對於努力不懈展現成果的員工，也一定會安排與努力相符的職務與工作。

我希望能讓中川政七商店與全體員工明白，只要大家有任何發展的潛能，我也甘願冒著風險去投資，就好像我表明決心建設新公司總部。拜大家努力所賜，中川政七商店的規模成長了許多，現在再也不會被別人說不自量力了。

另一方面，只接觸過新公司總部的新員工也愈來愈多了，沒有什麼比處於舒適環境下工作更好，能夠提供如此環境，我也感到相當自豪。不過，如果認為沒經過任何努力自然就有如此環境，這種想法就有些錯誤了。

不論是奈良的總公司，或是在表參道的東京事務所，能夠擁有現在的工作環境，都是靠前輩們努力所獲得，正如績效獎金制度能得到經濟效益，打造品牌得到社會大眾良好評價的道理相同，有了前人的努力，員工們才能擁有目前的工作。所以千萬別隨便看輕工作環境，應將工作做好到足以和此環境相稱，靠每個人自己雙手的力量，創造出更好的工作環境。做好這些心理建設，我認為才能夠建立員工與公司真正的對等關係。

擔任新公司總部建設專案連絡窗口的岩井美奈小姐已結婚生子成為母親，並且回到工作崗位上。不單單只有她，與她同期或後續新進公司的大學畢業新鮮人，我們知道直到入社前他們的身分都只是單純的學生，但眼看著他們日益成長，最後總是令人驚豔，不由得感到時光飛快流逝。

轉眼又來到二〇一七年的春天，我們準備迎接第十屆大學畢業新鮮人。公司將與新員工締結對等的關係，期許大家以不輸給中川政七商店或每一位員工的速度與能量，持續成長茁壯，這也是我的新展望。

二〇一三年三月，「中川政七商店東京總部」於東京丸之內的商業大樓 KITTE 開幕

第四章 就任第十三代社長

成立新品牌「中川政七商店」

二〇一〇年，我們提出「生活道具」的概念，正式推出與公司同名的新品牌「中川政七商店」。為了振興更多工藝製造商與產地，我們打出三個品牌——自古以來傳承的織品，符合現代人日常生活型態的「遊中川」；以及體貼對方，將饋贈心意化為實際行動「日本的饋贈禮物」的「粋更」；最後加上我認為不可或缺，能發揮功能性的日常生活用品「中川政七商店」。這三個品牌在各自的領域中建立屬於自己的定位，就能有助於提升我們公司整體的品牌力量。

為了對「為日本工藝注入元氣！」的遠景展現堅定意志，我們將公司名稱直接作為品牌的名稱。在多年前，我依稀記得，山口信博先生與水野學先生這兩位設師都指出，中川政七商店的名字擁有強大能量，應該積極去突顯它。

山口先生是在二〇〇五年為粋更重新設計新商標時、而水野先生則是在二〇〇八年重新為遊中川進行平面設計之際，兩個人都不約而同表達相同的看法。他大力推薦使用中川政七商店這個名稱，熱心的程度就像為了我們當時委託的工作粋更與遊中川操心一樣。外部專家以全新眼光的判斷，可說是我們難以察覺，卻近在咫尺就隨手可得的寶物吧！

隨著品牌增加，展店頻率也變得更頻繁。最多的那一年是在二〇一一年，一共新增了七間店鋪，以二〇〇七年當時的十五間店鋪來看，二〇一一年已經成長了將近一倍，總店鋪數增加到二十九間。若要讓製造商更活絡，就需要靠商品的銷售通路作為出口，也就是必須創造營收。其中，我們靠著直營店，傳達工藝品的故事與製造者的理念，成為了一個最佳的方式。

受到全球金融海嘯的影響，成衣產業的景氣突然陷入寒冬，雖然相關企業減少開店，但卻成了我們前進的助力。許多開發業者紛紛前來，陸陸續續提出優渥的條件。

關東地區的人多少都以為，關西的商人掛在嘴邊的語助詞是「一點點吧」，但至少我從來沒用過這個字，就連「馬馬虎虎吧」這句話，也是真的在馬馬虎虎的情況下才會使用。

我認為，喜歡講這句話的人，或許是不想透露出自己心中的想法吧。不過，我們的事業與業績，若採取某種程度的消極保密，恐怕會限制住周圍對我們的瞭解與支援。因此，我會將自己思考的事情與計劃，在能告知的範圍裡，盡可能去告訴大家，也會盡量誠實坦白困擾的事情與不足的地方。如此一來，就能引起共鳴，增加許多支援協助我們的人吧。

就這樣，我們平時保持虛心對外發言，狀況好的時候就說好，壞的時候就說壞，據說業界流傳中川的經營處於極佳狀態的傳言，描繪得若有其事。因此，邀請我們開店的洽詢接踵而來。對於我們這種規模的企業來說，一年開設五間店鋪，負擔實在相當沈重，因此公司內部也出現不少意見，表示應該在人員培訓完成之後，才負起店面的管理工作，畢竟實際現場的工作相當辛苦。

然而基本上，培育新興中小企業的人才無法趕上事業的拓展速度，這一點與大企業投入新事業，或投資新興市場的道理相同。若一切能從容不迫，等待人才培育好之後再說，世界上根本沒有一間公司能夠行得通。當然，事實上若是無法將肩負重擔的人才湊齊，所有的事業將寸步難行。不管衝得太快或過於緩慢，最後都無法抵達終點。

我認為，所謂經營的重點在於前往何處，以及掌控速度這兩件事。「目標」雖因企業或經營者有所差異，不過有關速度，最正確的解答是，只要大致上維持在不要跌倒的速度就沒問題。若再加速，恐將無法控制，導致事故發生。當然，如果過慢，也不用去談任何經營了。看清楚並掌握好在快跌倒與沒倒下之間的速度，對經營者而言是相當重要的工作。

不可思議的是，在要求速度之後，公司組織也有所呼應，全力以赴。我們開始晉用大學畢業新鮮人，同時也積極錄取有經驗的求職者，老員工自然而然受到刺激，發揮更多潛力。二〇〇六年起，公司導入了內部職務的公開徵選制度，雖然一開始無人舉手，或有自願者應徵卻落選而大感失望，不過，就是從這個時期開始，有愈來愈多員工，積極應徵自己產生興趣的專案與想去挑戰的職務，明確表達出自己的意願。

擴增店鋪雖然需要店長，但我們也將許多員工調至店鋪工作，包括過去分配到奈良總公司的大學畢業新鮮人，二〇一〇年進入公司的部分員工，以及二〇一三年之後進入公司的所有員工，全部都分配到店鋪，其中部分員工就持續留在店鋪工作，也有一些在幾年後調回總公司。

有句話是「現場工作能力」，就像製造業般的現場一樣，工藝製造零售業的現場就是店鋪，透過工作現場能累積知識與智慧，員工得以成長。與顧客面對面接觸，透過店鋪營運獲得經驗，將它牢記並吸收消化，在面臨各種場合時，能夠靈活運用，我認為，這點是讓我們公司與店鋪強大的原因。

轉換跑道的應徵者也與過去非常不同。不惜辭去大企業工作，希望進入中川政七商店工作的人增加不少，雖然並非大企業出身就一定會錄取，但我回想過去那段就算刊登徵才廣告，也沒什麼人來應徵的時光，此刻著實感到喜悅。

品牌經營管理的改革

決定運作三個品牌後，我感到自己無法像過去一樣，只靠自己一個人經營管理，面臨了前所未有的臨界點。除了有制度上的問題，同時管理技巧也不足。我認為，自己擁有鑑賞物品的眼光與設計識能素養，並且刻意學習吸收這些知識，但若假設自己能否勝過水野先生，實際上答案當然是否定的，畢竟術業有專攻。正如一句俗話，想吃年糕，就要去年糕專賣店。就如同設計師的專長是設計，經營者的專業是經營管理的道理一樣。

正因如此，我才會借重像水野先生這樣外部專業人士的能力。不過，現在也到了培養中川政七商店內部專業能力的時機。因此，我導入了承擔各品牌責任的品牌經理制度。除了每一個品牌能互相帶動公司的整合外，品牌經理同時也能擁有毫不遜於外部的專業性，這也是我對三位品牌經理的期許。

若要以一句話來表達品牌經理的工作，那就是打造品牌形象。商品、素材、文宣、廣告促銷活動等，掌控一切關於品牌的問題，判斷是否符合該品牌的形象。因此，品牌經理透過商品政策、生產管理、業務政策等將各部門串連，公司賦予其管理品牌的管理全責與權限。

話雖如此，三位品牌經理仍缺乏管理經驗，一時之間要負起全責實在有困難，所以，銷售管理費的控管，以及展店等經營企劃方面的工作，還是與過去一樣，由我來負責。

第一次發展品牌經理制度，可以說只成功了一半，剩下一半失敗。雖然我們確實在控管工藝製造與銷售策略方面發揮了成效，但是卻無法落實在店鋪裡。對於品牌經理的工作竟涵蓋到直接指導店鋪如何接待顧客的程度，店方與品牌經理本身對此也會感到困惑吧。

我們公司的優點，就是能夠自由發表意見，這樣的環境氣氛雖然難能可貴，但也面臨了扁平組織在領導統御上難以奏效的課題，如果權限與責任無法明確界定，就不能稱得上是組織了。

後來我們多次修改品牌經理職務的內容，在二〇一四年導入了事業單位（Business Unit、BU）制度，我們將單位分為遊中川、粋更、中川政七商店共計三個，品牌經理則直接擔任單位主管。由於 BU 為事業經營的單位，因此單位主管承擔所有經營方面的責任。

舉例來說，經營麵包店的店長必須要做的是，首先尋找品質優良，但價格稍微便宜的原物料供應商、考量顧客的需求、在最熱銷的時段出爐，端出熱騰騰的美味麵包、陳列在顧客隨手可得的商品架上、貼上促銷的 POP 廣告、與顧客勤打招呼進行互動、在空檔時間確認班表，或調查附近競爭對手受歡迎的麵包種類。在月底時，統計原物料費用、水電費、人事費用等各項費用，確認利潤，訂出次月的銷售計劃。

就像這個例子一樣，所有關於經營銷售的細項，我們必須謹慎細心，用心下功夫，進行判斷，最後執行，這就是所謂的做生意。雖然中川政七商店的事業單位需要負起營利的責任，但品牌經理仍需要一段時間，才能對數字擁有高敏銳度。不管店鋪規模多小，店長身為經營者，必須對收支敏感，若造成赤字虧損，自己的薪水就有可能發不出來，店鋪也無法持續經營，雖然這是理所當然的道理，不過以公司員工的立場來看，在這方面的危機意識總是非常薄弱。

因此，在二〇一六年四月開始，公司制度變更為類似所謂的分公司制[21]，過去整個公司的銷售管理費用，現在隨著每一個事業單位區分出來，交由各自負責，我們將每個事業單位視為一間公司，採取完全獨立的計算制度。

由於導入事業單位制度，各部門的品牌關係產生了變化，事業單位因應需求，向商品企劃、生產管理、零售、批發、行銷宣傳、促銷等各部門下訂單，對各部門來說，事業單位就像是公司內部的顧客，若是事業單位對服務不滿意，或許下一次就不會再下訂單。因此，我期待這種緊張感能為公司提升工作品質。

在二〇一六這一年，商品企劃與零售事業部門也編入各事業單位。以課為獨立運作單位的就只剩下批發、生產管理與網路銷售。不過，我認為這也是過渡期。有時候，我會尋找最適合中川政七商店的組織型態，嘗試設計出高效率的組織，今後同樣也會不斷嘗試錯誤，找出最佳方式。

21 分公司制：日本的企業內部事業單位形式之一，為傳統的「事業部制」之強化型態，指企業內具有獨立會計系統、自主性的事業部門，盈虧由該部門主管負起全責。相較於事業部制，運作上被賦予更大權限。

除了公司內部權責分散，我對外一樣積極尋找方法，希望能夠打造出不依賴我一個人的組織。過去，中川政七商店幾乎都是由我站在最前線，今後包括品牌經理，加上伴手禮品、麻類材料都會有專人負責處理，我們將會有更多能代表公司的員工，放棄單打獨鬥，改走團隊合作的策略，我也會做好心理準備，正面迎接任何挑戰課題。

一橋大學的楠木建教授說：「經營必須視為個案處理，所有的經營都是特殊解法。」我對此有深刻體悟，自己在經營公司後，發現經營模式或組織設計，確實沒有所謂的正確答案。

雖然每天工作業務繁忙，我仍會參考其他公司的優良範例，萃取其中精華，運用在我們公司的策略故事[22]上，光是想像，就覺得彷彿置身在看不到遙遠終點的比賽中，但是實際上，自己卻樂在其中。在這個世界上，會認為經營是項有趣工作的人，大概也沒有幾個吧。

22 策略故事：日本一橋大學經濟學者楠木建於二〇一〇年出版《策略就像一本故事書》中提出的理論。

委託諮詢的案件到來

我的第一本書出版後過了半年左右，我期待已久的企業諮詢委託終於來了，對方是位於長崎縣波佐見燒產地，一間名為丸廣的批發商。社長馬場幹也先生與他的長子匡平先生親自前來奈良拜訪我。

匡平君[23]在當時只有二十來歲，現在已年過三十，由於這次諮詢緣份所誕生的文化品牌「HASAMI」，正是由他負責經營管理。或許有人覺得，我對他的名字加上「君」的稱呼有些不恰當，但是對我而言，他就像是弟弟一樣，同時也是一位非常可愛的徒弟，還希望讀者能瞭解我的想法。

總之，當時見到匡平君，雖然感覺他有點內向，但其實是個不折不扣的傻兒子。他辭去大阪成衣業的工作後，剛回到波佐見家裡，對陶瓷器與家業完全一竅不通。

由於他對經營完全沒有任何基礎知識，因此，我每個月開兩本書當成作業，請他寫心得報告。雖然他交了閱讀心得，但我不認為他理解這些書的內容。最重要的是，感覺不出他背負丸廣的氣魄，從他的言行舉止表現，我看出似乎是被父親要求，不得已才勉

---

23 君：日本人習慣在小朋友、年紀輕的對象，或晚輩的姓或名字後加上「君」來稱呼，也表示拉近距離、親近之意。

強繼承家業。

有很長一段時間，波佐見以陶瓷器承包產地維持有田燒的延續，雖然沒有知名度，但從成型、塑型、釉藥調配、窯燒等流程，有著明確的分工制度，優異的技術與生產能力值得誇耀。雖然從承包產地蛻變轉型是全國產地的一項重要課題，但大多數的業者沒有品牌力量作為後盾，只好仰賴批發，當時丸廣就是其中之一，靠著低利潤的批發作為主要的經營項目。

在時機最好的時候，丸廣曾經達到兩億元的營收，但現在已滑落到一半以下了。丸廣的馬場社長讓長子匡平君回故鄉繼承家業，由他主導成立新品牌，並期望業績能夠成長一點五倍。

後來許多業者來諮詢時，都提出了想要成立新品牌與業績成長這二項共通的期望。由於大家意識到當下的問題前來諮詢，當然都期望能藉此提升銷售業績，然而卻以為這樣就能複製一樣的經驗，成立新品牌，我想其中似乎有一些誤解。

成立新品牌需要耗費時間與成本，風險也非常高。一些大型企業即使投入龐大的資金在研究開發與廣告宣傳上，新品牌的成功機率也非常有限。更何況體質欠佳的中小企業若貿然嘗試，不難想像結果將會如何。不曉得來諮商的業者是否明白風險，他們卻異口同聲提出「成立新品牌」的要求，總覺得似乎受到我成立粋更與中川政七商店等品牌的成功想像，進而影響委託的內容。

這時候，我會仔細說明，成立新品牌只不過是改善業績的其中一個手段而已。接著表達，必須優先去分析現況問題，找出應改善的缺點。我回到中川政七商店後也是如此，當時就像大多數的中小企業一樣，公司不乏需要改善的缺點。通常改善業務或財務，幾乎都能再次重建企業經營，與針對客戶需求或為了與對手競爭而開發商品、打造品牌的意義是不同的。

一旦掌握好業務品質與財務，就能成為經營上強而有力的基石。找出公司無謂多餘的業務與支出、對營利沒有貢獻的事業，進行裁撤，之後再去重新檢討既有品牌、商品的製造與銷售點。成立新品牌則是在下一個階段。

正因為自己是中小企業，更需要提升品牌力量，就如同我的一貫主張，我們必須成為讓顧客與伙伴主動選擇的對象，就像以資訊科技為核心，創新技術不斷加速，才有可能增加小螞蟻擊倒巨象的機會。然而，這一切都必須建立在確實的經營上，才會成功。

因此，在進入企業諮詢時，首先，我會要求看財務報表，確實掌握財務狀況。接著參觀公司、工廠、銷售現場，此外，還會仔細參觀其他同業，藉此盡可能找出本質上的問題。

若能掌握現況，以 SWOT 分析，整理出自己公司的優勢、劣勢、機會、威脅；運用行銷組合，以 4P 分析思考商品、價格、通路、促銷等因素來擬定行銷策略，研究事業機會與打進市場的方法。到這一步為止，與一般企業經營諮詢的方法並無差異。

然而，我所重視的想法是，這間公司透過事業想做什麼，而我們又能提供什麼協助，該做什麼事情才會有遠景。無論經營者擁有如何明確的遠景，若不去與公司全體同仁共享，不管再如何成功，對於該公司來說，不具任何存在的實質意義，我認為這樣的成功無法持久。假設我沒有提出「為日本工藝注入元氣！」的遠景，應該就不會有目前的中川政七商店吧。

因此，我請丸廣的匡平君說出真心話，希望丸廣成為什麼樣貌，自己到底想做什麼事。結果出現許多想法，例如，他想讓丸廣變成業界首屈一指的批發商，讓波佐見燒超越有田燒，成為公認的事實，甚至完成個人的夢想，從事成衣業的相關工作。

再向下挖掘後，匡平君突然提到另一個夢想：「我想在波佐見開一間有咖啡館的電影院，希望大家都能聚集在此。」即然如此，他肩負當地文化的重任，所以有必要去打造一個品牌。不過，我們並非設法改善現有的商品或品牌，而是訂出新目標，另外成立一個新的文化品牌。

品牌名稱正是HASAMI[24]，我們設計製作能夠疊高的馬克杯，作為新品牌的頭號商品。在馬場先生父子來奈良拜訪之後，經過了一年，於二〇一〇年六月，新品牌的商品，終於正式在生活家飾展與中川政七商店主辦的展覽會（日後發展名為大日本市）中登場亮相。

老實說，展覽並沒有造成太大的迴響。雖然在每一個展覽會上，都有許多業者表示對HASAMI感到興趣，但考量新品牌可能產生的不確定因素，大家都變得相當保守謹慎。不過，在展覽會過了兩個月之後，HASAMI獲得了大型選品店的青睞與採用，一口氣增加了許多訂單。

但是，在這之後，一切進展並沒有那麼順利。周轉資金遇到了不少困難，加上輕忽生產管理造成缺貨，錯過銷售良機。不過，在這整整兩年裡，我依然全力以赴，與大家

24 HASAMI即為「佐波見」的日文發音。

一起奔走忙碌。畢竟對我來說，這是第一次的企業諮詢案例，匡平君繼承家業的時間尚短，當時經營陶瓷器的他幾乎可說是個新手。然而匡平君在經營 HASAMI 第二年時，已展現出一副經營者的架勢，發揮品牌經理的職責，親自下決策，讓業績確實提升成長。

我以諮詢顧問的立場，最後一次拜訪波佐見時，馬場社長偕同夫人與匡平君，以及全體員工為我舉辦了歡送會。最後，我在台上發表感言時，環顧四周大家的臉，看見了匡平君的母親流下了眼淚，幾乎接近嚎啕大哭，我想這應該是為了過去給人吊兒啷噹、精力過盛印象的匡平君，如今已成長為獨當一面、成熟穩重的大人，所流露出的喜悅感動。

在這之後，每年我仍有許多機會見到她，每次見面依然非常激動，就連我也會流下眼淚，真是有些難為情。然而，像這樣有人為此喜悅，最重要的是，能夠親眼見證丸廣的飛躍成長，為波佐見找回了活力，這是身為顧問，最至高無上的幸福。

現在，HASAMI 以企業諮詢畢業組的領導角色存在，持續不斷成長，成為集客的主力品牌，為大日本市展覽會貢獻良多。除了以匡平君為中心的 HASAMI，丸廣也陸續打造了其他新品牌，或許，距離波佐見擁有電影院的這一天並不遙遠。

只有當事人才能做到的事情

到目前為止，除了丸廣以外，我也為製作背包的 BAGWORKS、生產菜刀的忠房、做地毯的堀田 CARPET、編織針織的 SAIFUKU（サイフク）、從事果實栽培與加工的堀內果實園、生產長纖維的 KAJIrene 等企業進行諮詢。

從丸廣到 SAIFUKU 這五個相關個案的詳細內容，我都寫在《中川政七再生老店記》這一本書裡。不過，我也想讓大家知道，我為企業諮詢的酬勞，一個月是二十五萬日元，重點在於金額的設定，其實只比大學畢業新鮮人剛進公司的薪水高一點點而已，諮詢費設定較低的原因是，我希望讓規模較小的工藝製造商也能嘗試挑戰，並期望他們對結果負責。

據說，委託一般大型顧問諮詢公司，每個月的諮詢費用將從數千萬日元起跳，然而，不管付出多少費用，一般諮詢公司不會承擔最終結果。無論營收獲利是否改善，新成立的事業是否成功，一旦付出了諮詢費用，就不可能再退還。

然而，我們著手企業諮詢的主要目的，是為了讓工藝製造商變得更好，並不是想發展諮詢來變成自己的事業。因此，我們壓低諮詢費用，也讓前來諮詢的製造商的商品，在我們的店鋪裡銷售，隨著業績提升，自然也會為中川政七商店帶來收益。所以我們並不是從外部的角度思考，只出一張嘴而已，而是展現出與大家成為共同體，一起去做的決心，這種成功後獲得酬金的類型建立非常重要。

只不過，工藝製造商是否確實變得活躍，在諮詢結束後是否仍維持活躍，結果還是得看當事人怎麼去做。到目前為止，我的企業諮詢案例一共完成了十一件，當然，也不是每一件都獲得成功，有幾間企業與其說是失敗，倒不如說是選擇中途放棄，而且幾乎都是由我提議終止。其中一個案例是，諮詢者認為以現階段的經營去延伸，只要再加上新品牌與新商品就夠了，然而，我卻感受不到他們有任何改變的決心。

他們大概認為，在這樣的情況裡，大部分的事情只靠我的力量來發揮就好，無論開發新品牌，或重建既有品牌，都認定由我來負責。雖然可能遭到誤解，但我還是必須說，如果按照這種想法去做，對我來說反而比較簡單。

然而，如此一來就沒有意義了。在我結束諮詢之後，倘若經營者無法讓品牌成長、推出新商品與確實做好經營管理，又會立刻恢復原狀。因此，應該學習丸廣的經驗，以匡平君為中心，靠著自己的力量向前邁進，發揮全體員工每一個人的力量，在嚴峻的環境中，工藝製造商別無其他生存之道。

我勸退的另一個案例是，成立服飾小物品牌的製造商，原本預計在新年開始正式推出新的顏色，卻一直無法設計製作出滿意的色彩，雖然經過一、兩次重新設計，作業卻拖到了年底，結果出乎意料，對方竟然表達心中的不滿：「托中川先生的福，讓我們工作到接近年終。」我感覺他們並不是在開玩笑。

改變商品的顏色，絕對不應該是為了滿足我，而是為了讓品牌經營更順利，雖然我已經仔細說明，絕對不能妥協這一點，但是一直以來，他們的態度形同旁觀者，彷彿在圍籬外觀看一樣，對於他們到底理解多少，我實在感到相當不安。

經過數月之後，這種不安竟成了事實。我們聚集了丸廣與BAGWORKS等諮詢畢業組，舉辦共同展覽會，而事情就發生在新品牌參加大日本市的期間。

由於大家都知道，大日本市是一個有所堅持，貨真價實的商品展覽會，將訂單業績視為重要的指標。舉辦期間，每天都有例行晨會，在大家面前，宣布前一天的業績與今日目標。即使業種與商品不同，互為競爭對手這一點卻是事實。在晨會上，大家互相學習彼此優點，為了提升業績，這個場所也成了集思廣益，一起分享好點子的地方，同時也是互相刺激、提高士氣的重要時刻。然而一連兩天，我完全看不到這種互動。

企業諮詢與參加展覽會，兩者並非強制的組合，中川政七商店沒有收取任何參展費用，參加展覽會只是附加服務的選項而已。因此，如果企業諮詢的製造商不想參展，只要一開始表明意願就可以了，然而一旦選擇參加，就必須遵守參加的規定。

我對一家不遵守規定的製造商表示，大家都守規矩，若是你們不來，也會造成困擾。結果對方態度強硬，堅決不屈地表示：「我們在中川先生的旗下，得不到任何好處，你沒有資格命令我們。」我認為這樣下去，只會浪費時間，於是當下終止彼此的合作關係，而關於商品開發與展覽會上的訂單，我們無法主張任何權利，就隨他們自由而去。

這是由於他們見到這些委託諮詢的製造商之中，丸廣與正房的經營狀況相當好，所以內心猜忌，以為只要接近中川就能獲得好處。雖然並非有所懷疑就是不對，但從這一點可看出，他們的做法與過去一樣，沒有任何改變，只想鍍上一層帶有中川風格的東西在表面上，如此一來，經營絕對不可能順利。

當然，我在事前一定會說明：「這一切需要靠製造商自己確實做好，我只是從旁協助而已。」然而卻無法獲得對方理解。也因此才會演變為認知上的差異。這類案例的共通點是，製造商沒有危機意識與身為當事人的認知。也就是說，此刻若不去改變，就沒有未來的危機意識，若不下定決心，靠自己的雙手貫徹執行，不管身邊有誰來幫忙，根本無法解決本質上的問題。

我認為，諮詢顧問就像家庭教師的角色一樣，為了讓大家成長茁壯，必須竭盡所能，傳授自己擁有的一切知識，但我身為教師，無法幫大家唸書或參加考試，就算擬定計劃策略，落實運用在戰術中，實際上還是得靠當事人上場作戰。回顧過去諮詢的案例就能明白，當事人必須擁有奮戰到底的意志，努力不懈，提升自己的戰鬥能力，如此才能獲得成功。這一切都是只有當事人才能做到的事情。

兩個致命傳球

我著手企業諮詢並非義工事業。一個月的諮詢費用二十五萬日元，怎麼想都不划算。

況且，我們公司尚待解決的課題仍堆積如山。按常理說，我應該專心致力於自己的公司才正確，但是為了達成「為日本工藝注入元氣！」這項遠景，我認為企業諮詢是不可或缺的工作。

在經營策略之中，不知大家是否聽過致命傳球（Killer Pass）這個名詞呢？它曾經出現在前面文章中提到的楠木教授著作《策略就像一本故事書》之中，因此一夕爆紅。這個名詞是指在足球比賽裡，我們無法預測敵方或我方強勁敏捷的傳球，有時就這樣順勢射門進球。楠木教授在書中敘述，在經營策略裡，有些策略對其他公司來說看起來並不合理，但其實這是得以突破連智者都難以自行察覺的盲點的關鍵。以某種程度來看，許多企業能長期保持競爭優勢，正是在策略故事裡，存在著致命傳球。

在中川政七商店裡，我認為到目前為止，我們公司也靠著兩項致命傳球維持著優勢。第一項是，在我回到公司後，決定開始轉向零售事業。第二項是，著手企業諮詢的事業。不過，由於同樣從事零售事業的製造商非常多，或許會有人表示，看不出來哪裡有不合理之處。

首先必須去區分出來的是，幾乎和展示間沒什麼區別、規模難以稱為零售事業的零

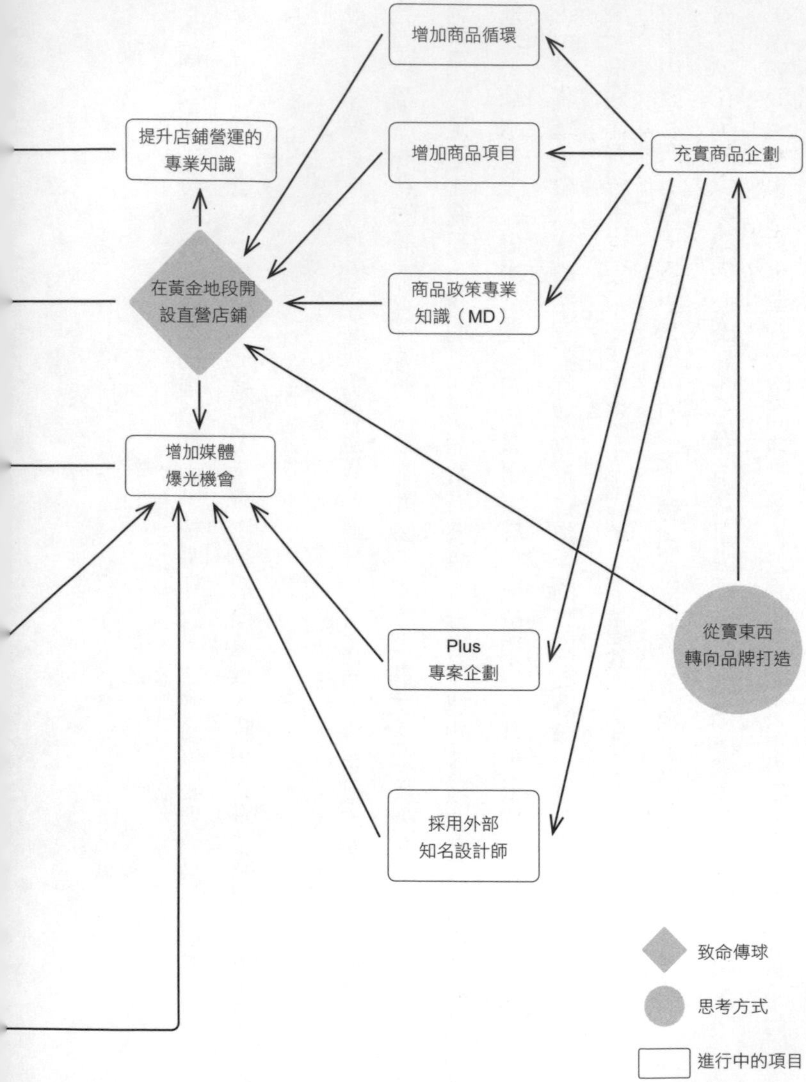

增加商品循環
提升店鋪營運的專業知識
增加商品項目
充實商品企劃
在黃金地段開設直營店鋪
商品政策專業知識（MD）
增加媒體爆光機會
Plus專案企劃
從賣東西轉向品牌打造
採用外部知名設計師
致命傳球
思考方式
進行中的項目

中川政七商店的致命傳球（2010年）

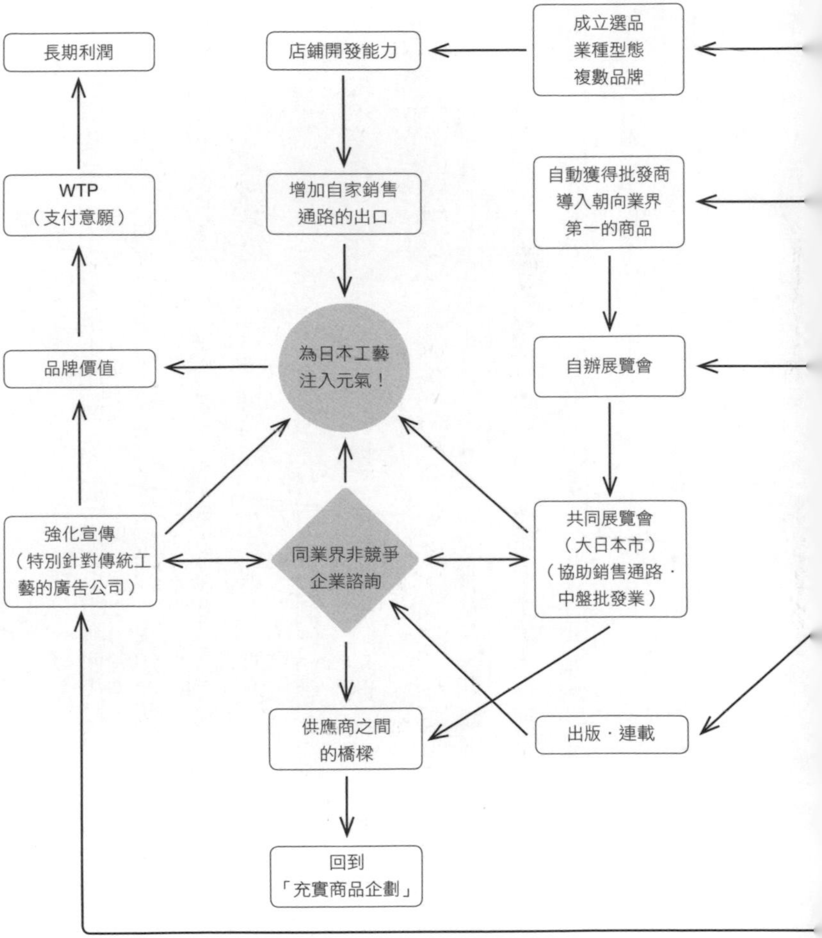

售商店。我們位於惠比壽的遊中川東京一號店正是如此，尚未脫離試營運的階段，所以當時的中川政七商店，無法稱為發展中的零售事業。因此，也不值得討論它到底成功或失敗。

然而，認真經營零售事業，本來就不該建立在展示間或試營運店鋪的延伸之上。從「工藝製造」與「銷售物品」的本質來看，兩者完全不相同，我們曾為此嘗遍苦頭，就像許多工藝製造商或偏鄉地區製造商一樣，看見我們成功而加入，卻在新事業開始不久之後早早撤退，思慮不周就輕易出手，日後肯定招致慘痛結果。

第二個項目是企業諮詢事業，至今，似乎還沒有出現與我們做相同事情的人。不過，由於實在讓人感覺太不合理，因此即使在公司內部，也無法消除長期以來存在「為什麼我們公司要做企業諮詢？」的疑慮。

我想不必多說，企業諮詢的事業，實在不符合公司成本效益，即使從能否對其他事業或整體品牌產生貢獻的角度來看，以現階段而言，確實看不出來任何合理性。包括我自己的時間，從這些投入的資本去考量未來發展，應該還有其他更適合的事業吧。然而，只要攤開時間軸來看，就會出現不同的觀點。

為了我們公司在十年、二十年後的持續成長，日本的工藝產業必須維持活躍才行。我們與工藝製造商與工藝產地之間堅定的企業伙伴關係，加上透過企業諮詢，累積打造品牌的專業知識，就算今後出現了相同思考模式的競爭對手，應該也沒有那麼輕易就能追趕得上吧。

雖然我偶爾在公司裡提到這些話題，但或許年輕員工較多，對於經營管理比較無感，似乎難引起迴響。「這與我今天的工作有任何關係嗎？」或許有人如此認為。我將每一件案例的詳細內容寫在《中川政七再生老店記》，原因就在這裡，我希望將自己致力於企業諮詢的意圖與成果，讓公司員工或較親近的外部人士瞭解。

在二〇一一年的政七祭典上，丸廣的馬場匡平君，在全體員工前發表談話，雖然許多人已聽過這件事，但從當事人口中說出，如何獲得我們公司的協助，開創了丸廣與佐波見燒的未來，大家似乎也受到相當大的激勵。雖然只有我與幾名員工經手企業諮詢的業務，但所有員工的工作，都成為實現遠景的助力，為日本工藝注入元氣。大家心中漸漸形成這種意識，我確實感到進展，令人值得信賴。

因此，我暫時無法卸下企業諮詢的工作。我有一個怪癖，雖然對身體不太好，但愈是令人頭痛的案子前來洽詢，愈能燃起我的鬥志，迫不及待挑戰。因此，我非常期待，不想輸給其他公司，並能深刻體認嚴峻現況、充滿危機感，以及下定決心的工藝製造商前來委託。

舉辦工藝製造商的共同展覽會「大日本市」
（二〇一四年九月於有明 Frontier Building）

第五章
經營模式開始發揮作用

啟動「大日本市」

我在開始經營生意後，吃了不少苦頭，對於該如何有效率地開拓銷售通路，實在不知所措。我主動打電話給一些生活家飾店鋪，期盼能銷售我們的商品，同時也想為茶道用具另尋活路，只要有任何一點希望都不放棄，甚至試著在日式點心店鋪裡，銷售收納懷紙的商品與牙籤，但結果皆不盡理想。

在這個時期，經常被對方提及的問題是，不認識我們公司，也沒看過任何商品，所以難與我們合作。既然如此，我只好先想辦法，讓大家有認識的機會。我們嘗試參加禮品展以外的展覽會，結果出乎意料，例如，時尚精緻的展覽會參加人數太少；其他設計活動展覽會，除了採購人員或零售商的經營者參加以外，一般民眾卻又占大多數。我們對於沒有進行所謂「做生意」這件事感到困惑，例如，看不到在展覽會場取得訂單，或洽談價格或其他交易條件等這種商業行為。

我們嘗試以新的方式來開拓市場，運用遊中川為數不多的一些成衣商品，參加服飾展覽會。結果，參加者清一色都是南美或非洲民族風格的服飾商。回顧當時，只能說我們公司身陷於迷惘之中。雖然現在利用網路尋找相關資訊變得理所當然，誤判的情況已大幅改善，然而，在品牌與商品被大眾接受之前，卻找不到機會讓大家認識，為此受挫的中小企業製造商，現在應該也不在少數吧。

因此，當我決定振興日本工藝產業時，便思考該如何提供協助，為它找到流通的出口。即使藉由企業諮詢，讓一間公司的工藝製造變得完善，但若無法將商品銷售出去，公司便無法持續經營。一開始在二〇一〇年六月，中川政七商店加上丸廣，自行舉辦了展覽會，當時我們另外邀請對商品銷售通路有興趣，披肩圍巾工坊織座與越前塗[25]的漆琳堂一起加入伙伴行列，正式於二〇一一年六月舉行共同展覽會「大日本市」。

在這十年左右，雖然增加了許多與過去傳統大型展覽會有所區別，以獨特概念提供參展者選擇的展覽會，包括對於手工藝品有所堅持，或以獨特概念嚴選參展者的展覽會，不過在這之中，大日本市與眾不同的地方是，主辦單位的身分既為製造商，同時也參加展覽會這一點。

哪一種展覽最受到製造商的喜愛呢？我想最清楚的不是別人，而是身為製造商的自己了。最特別的是，我擁有不斷嘗試開拓銷售通路，遍尋展覽會的失敗經驗。對製造商

25 越前塗：指福井縣鯖江市的生產傳統工藝品漆器，擁有一千五百年的歷史。

來說，哪一種展覽會是他們渴求的；相反的，哪一種展覽會又是最糟糕的，我有自信比任何人還要多一層瞭解。

而最令人感到辛酸的是，明明就付出高額的參展費用，卻沒能接到等值的銷售訂單，過去的中川政七商店就曾為此吃盡苦頭。製造商參加展覽會，最關心的就是能夠創造多少營收，然而，一般展覽會的主辦單位卻鮮少深思這個問題。

我並非將展覽會當成事業賺錢，所以不收取參展費。取而代之的是，我們收取由提供通路服務所產生業績的一定比例，也就是所謂完全成功，才收取酬金的制度，對參展的製造商來說沒有任何風險。

另外，對中川政七商店而言，雖然只提供了一小部分有限的展覽空間，若製造商創造的業績較少，我們能得到的酬金也不多。在某種意義上，我們舉辦展覽會，雖然有一定的風險，不過參加大日本市的伙伴們，基本上都與我們長期合作，以維持這種關係為前提，我不認為大家只追求短期利益，我把它稱為「出人頭地的長期投資」，只要隨著伙伴們的業績增加，我們就能得到更多的成果，創造彼此雙贏的關係。

不僅展覽會，對大日本市的參加伙伴來說，中川政七商店是批發商，同時卻也是批發商品的零售店鋪，不過在這裡，我們都是站在製造商的立場來思考事情。製造商最討厭的就是委託銷售，賣不出去的商品，最後都會退回給製造商，所以須承擔風險的就只有製造商一方而已。然而，還有一種制度，需要製造商耗費更多的勞力、時間與成本，例如，有一些零售商會提出「希望只替我們公司製作特製版的商品」這種小量訂單的要求，但中川政七商店並不會對製造商提出這種無理要求。

將商品批發給其他公司時，我們的公司就能發揮批發商的功能。具體而言，肩負了物流、庫存量調整、信用管制，以及提供資訊的功能。瞭解終端消費者的需求，就能對製造商與零售商提供熱銷商品的情報資訊。事實上，過去的批發商大家都是這麼做，因此，也可將其比喻為發揮諮詢顧問的功能。

但漸漸的，批發商演變為只剩下仲介功能的角色，所以有人提出了批發商無用論之說。如果批發商能夠徹底發揮本來具有的功能，或許就輪不到我們出場吧。

在日本舉辦貨真價實的商品展覽會，可說是非常稀奇。交換名片或資訊固然是好事，但是我認為，能夠創造業績的展覽會才更具意義。就像法國巴黎國際家飾用品展 Maison & Object，除了擁有優雅的形象之外，在展覽期間也屬於競爭契約價格的商談場所，擁有不同的面貌。每一家參展廠商對銷售極具熱情，隨處可見大家善用平板電腦來取得訂單，或一來一往的議價情景。

這不只是展覽會的問題而已。我認為日本的雜貨與生活家飾製造商，大多數對銷售的意識太薄弱，只要做出好的東西便滿足，似乎不重視賣給誰、賣多少。而規模小的工藝製造商，在這方面的傾向更為明顯，因為他們相信，只要做出品質優良的東西，一定會有人給予讚賞。我們不能否定這種心態，是造成現今工藝產業面臨嚴峻環境的一項因素。當然，製造優良的東西是絕對有其必要的，不過，直到將這些東西交付到需要的人手上，才能稱得上是工藝製造的完整過程。

因此，就如大日本市出現在前面第四章裡提過的重點，我希望能讓參展者都擁有強烈銷售的觀念。在展覽會上，全體參展人員參加晨會，公布前一天的實際簽約數與當日業績目標。如果成績達到設定的目標，大家會一起熱烈鼓掌歡呼，心中也會燃起一股鬥志：「可惡！今天我們絕對不能輸」。在偏鄉地區埋首於工藝製造，總是容易缺乏競爭意識，因此，從伙伴間的互相刺激這層意義來看，大日本市正是一個珍貴的場所。

在成立大日本市時，我寫下「大日本市宣言」，對展覽會所懷抱的理念，濃縮成一篇文章，請容我在此向大家介紹。

大日本市宣言

過去民藝運動在無名工匠所打造催生的各種日用器具之中，
發現了用之美，並於社會上開啟廣大的啟蒙運動。
時光流逝，轉眼至今，我們再次檢視偏鄉的工藝製造。
物理上的距離變得更近了，不再有任何時間上接收資訊的落差，
我認為我們必須以全新的思維來看待工藝製造。

並非只被定位為慧眼過人就好，
我們應該讓更多的使用者產生共鳴。
並非做個被動的工藝製造師傅就好，
而是靠自己的意志努力運作工藝工坊。
並非默默無名就好，
應該重視自己的價值觀。
並非只是用之美，
更希望用之幸福。

大日本市正是一個聚集如此理念的工藝製造者的場所。

微苦的「夢幻甲子園」回憶

二〇一二年夏天，傳來了令大日本市伙伴興奮的好消息。伊勢丹百貨公司同意以展覽會·大日本市的主題，決定讓中川政七商店偕同伙伴企業，共同營運的直營店·大日本市，在伊勢丹百貨公司新宿總店開設店鋪。

包括丸廣、正房、堀田 CARPET、BAGWORKS、SAIFUKU 等企業諮詢畢業組、上出長右衛門窯等通路支援組、我與水野學先生及鈴木啟太先生三人一起成立去追求經典設計的品牌「THE」，以及中川政七商店，一共四種品牌聚集在一起，重現原汁原味的展覽會型態店鋪。

我認為，不僅工藝品領域，只要身為製造商，都想在各地建立品牌，但樹立每一間製造商與商品的品牌地位，並不是件容易的事情。大日本市展覽會將伙伴們的每一個品牌都視為獨立店鋪，再進行組合。所以店鋪聚集多種品牌，共存成為「市」，實際上是一間店鋪。就這層意義上來看，回想它與當初遊中川或中川政七商店的開店情況完全不同，實在令人感慨。

而且，地點相當重要。對於關注流行時尚與設計的人來說，伊勢丹百貨公司新宿總店屬於特別的存在。在混雜的新宿街道之中，聳立著這一棟裝飾藝術風格（Art Deco）的大樓，社會上許多有才華的人與流行事物都源自這裡，並持續八十年以上之久。無論是流行服飾或生活家飾，各大廠商都把商品放在伊勢丹百貨公司新宿總店裡銷售，列為第一目標。

在不久之前，我們還只是偏鄉地區的小小工藝製造商，從企業諮詢畢業組的立場來看更是如夢似幻，更遑論還能在這裡擁有自己的店鋪。就如同在地區預賽首戰中吃下敗仗的小球隊，突然要登上甲子園[26]一般，而我也如同確定出征甲子園的新任教練一樣，相當引以為豪。

伊勢丹百貨公司贊同中川政七商店提出的遠景「為日本工藝注入元氣！」，這實在令人開心。我們同時轉動工藝製造與銷售通路的大齒輪，工藝產業才得以前進，因此，我對伊勢丹百貨公司具備的影響力十分期待。我們的店鋪在五樓手扶梯的旁邊，雖然面積不廣，但基本上空間已相當足夠。那麼，該打造成什麼店鋪，我與水野先生，還有以個人獨立採購成名的 method 公司社長山田遊先生一起討論，借重急忙趕來伙伴的力量，

---

26 甲子園：每年於春天與夏天舉行，名稱分別為日本高中棒球選拔賽與日本高中棒球錦標賽。集結了日本全國最頂尖的高中棒球員，比賽過程熱血沸騰感人，也成為進入日本職業棒球或美國大聯盟的跳板之一。

一起打造店鋪。

首先等待著我們的是，建立伊勢丹風格「買場」的洗禮。明知耗時費工，但我們的考量是，只要收支不赤字就好。這一切對大日本市的伙伴而言，毫無疑問的將成為寶貴的經驗，我們對此寄予厚望。

然而，在一年過後，情勢卻有了意外的發展。某天與伊勢丹百貨公司的承辦窗口開會時，對方抱怨，在東京車站前KITTE商場裡，中川政七商店開設新店鋪，他擔憂會對伊勢丹百貨公司的大日本市業績造成影響。

KITTE坐落在丸之內，與新宿商圈類型不同，無需擔心競爭問題。雖然被指出兩間店鋪相似雷同，但KITTE並不是第一次經營中川政七商店這類型的業種，而大日本市本來的概念就是展覽會型態，由我們從零開始打造建立。雖然從某些地方看，兩間店鋪確實有相似之處，然而，有人認為這項因素會造成一方利益損失，或是讓他們產生不愉快的感覺，這才是我們無法置信的。受到如此指責，讓我對遭受到這樣不合理的對待感到憤怒。

原來不是認同我們提出的遠景「為日本工藝注入元氣！」，說好了要一起去努力實現嗎？如果是這樣，商品流通的通路平台，應該是愈多愈好，只會為新開設店鋪感到高興，不該有不滿的情緒才對。

之後，雖然有許多溝通的機會，最後也被百貨公司方面慰留，然而一旦萌生了不信任感，要完全抹除掉並非易事，在得到伙伴們的支持後，我當機立斷收掉店鋪。雖然這件事由大家一起決定，但一想到與伙伴們同甘共苦，與過去任何一間中川政七商店型態都不同的「大家的店鋪」就這樣消失了，我不禁悲從中來。

顯然在小工藝製造商與大型流通業之間，有著實力上的差異。對製造商來說，能將商品陳列在擁有銷售力的商場百貨，開設專櫃店鋪，是求之不得的心願。因此，若對方開口表示無法繼續時，或多或少還能接受。但是，這種合作關係，以長遠的眼光來看，並不會為彼此帶來利益。

正如同員工與公司，屬於互相選擇的對等關係；製造商與通路，以及在價值鏈中，緊密相連的所有相關人士，應該都是對等的關係，這是我的信念。因此，在我們的公司或辦公室裡，不會將交易往來的企業或個人稱為「業者」，我們帶著敬意與親切的態度，稱呼對方為供應商先生女士[27]、加工端先生女士。或許有人會認為，這不過只是個稱呼而

27 日本有對非生命體加上敬稱的文化，例如文中提到的供應商先生女士。

已，但正因為如此，才能展現真心誠意吧。

維護製造者的尊嚴

我既不想做，也不想遭遇任何不公平的事情，但看到一旁橫行無阻的不合理情況時，心理就會難受。這並不是在裝什麼大好人，我也自認個性難搞，不過襪子專業品牌「2&9」的誕生，正是與這樣的心情有關。

決定成立 2&9 最主要的原因是，想為奈良地方產業之一的襪子注入一股活力。我雖然出生成長於奈良，但老實說，對故鄉並沒有特別的想法，而且既然打出了「為日本工藝注入元氣！」的旗幟，我也想平等地一肩挑起日本全國工藝製造商與產地的重擔。

因此，除了中川政七商店的重心——奈良晒以外，我沒有採用奈良縣的其他特別工藝品。然而，在看見丸廣與忠房振興地方的情形後，我接著便開始思考，除了我們自己以外，沒有人能去活絡奈良。

雖然奈良襪子的生產量，至今仍位居全國之冠，但與其他製造商一樣，遭受國外低成本生產製造的擠壓，面臨著歇業的危機，多數人因此選擇將工廠遷移至海外，目前產量衰落到高峰時期的一半以下。原本奈良以高品質綿料產地聞名，在製造者的細心經營之下，成長為第一大產地。然而，若不再去改變低迷的劣勢，襪子製造業吹熄燈號，也是遲早的問題。

加上我本身也相當喜歡襪子，不管逛街看看或購買時，總是非常開心，選擇稍具變化的襪子來簡單搭配，就覺得能穿出自己的風格。

就這樣，故鄉工藝品面臨危機，再加上一點個人喜好，我決定著手打造奈良的襪子品牌，這也是中川政七商店第一間襪子專業品牌——2&9，正式於二〇一一年十一月十一日「襪子節」誕生。在此順便解釋節日名稱的由來，二〇一一年是日本開始生產襪子的一百周年紀念，將兩雙襪子直立擺放，看起來就像阿拉伯數字1111，因此，日本襪子協會將十一月十一日這天，定為襪子的節日。

實際上，2&9的商品吊牌邊印有小動物的記號，只要憑它就能掌握該商品在哪一間工廠生產製造。顧客當然不會明白其代表的意義，就算知道了，應該也不會對它產生任何興趣吧。然而，製造商拒絕一切妥協，追求長久舒適的穿著感受，所以我們標上記號，表達對生產製造者的敬意。

幾乎所有製造襪子的中小企業，主力都放在代工生產事業上。即使對生產品質擁有絕對自信，也常被拿來與國外的製造工廠比較，面對委託企業嚴格要求價格或交期，生產現場總是為此疲憊不堪。甚至還有不少製造者認為，就算生產精良的東西，也無法得到任何回報。

一間為粋更代工生產襪子的公司寫了一封信，寄給我們公司的承辦窗口。信中提到他們在員工旅行時來到東京，順道一探表參道 Hills 的粋更店鋪。粋更將襪子的製造商名稱標示在 POP 上，大家看到自己充滿自信的產品能送到這裡，標上製造企業的名稱，陳列在表參道 Hills 銷售，心中深深受到感動。

這間公司在國內屬於大型的代工生產廠商，除了我們以外，似乎沒有其他委託者與我們公司的做法一樣。雖然說代工生產到這一步就結束任務了，但是，在無法讓製造者感到喜悅與自豪的情況下，真的還能持續製造出精良的商品嗎？愛瑪仕的皮包，總是將哪一間工坊、製造者清楚刻印在商品上面，工匠師傅引以為傲的自尊，也被刻在其中。

不管是數百萬日元的皮包，或是數千日元的襪子，對製造者而言，能做出好東西，透過自己的工作產生價值，這樣的觀念想法一定不會錯。即使代工生產，也不應只是維持經營，若不找回工藝製造的尊嚴，就產地的真正意義來看，根本就無法得到振興。

稍微回溯過去，二〇〇五年開始的「Plus 專案企劃」裡，也具有相同的意義。這項企劃是，我們與對工藝品非常堅持的製造商與工藝作家，進行商品開發的合作。

首先打頭陣的是，洋傘品牌「+前原光榮商店」，它曾榮獲皇室等不計其數的名人喜愛，我們委託這間高級洋傘老店，製造以麻料製成的傘，並以遊川中的品牌銷售。Plus 專案企劃將前原光榮商店的名字標示出來，就是為了讓大家清楚知道製造商的身分。

以我們這種製造零售商的立場來看，或許有一些人認為，公布代工廠商的名字並不是一種好的做法。這些製造者技術優異，就連我也曾想過，不想把它告訴任何人，若說自己不曾產生獨占念頭、受到誘惑驅使，那才是真的騙人。若競爭對手以更低的價格售出相同的商品，對我們造成困擾也是事實。但如果因此讓代工生產廠商的事業得到拓展，那也算好事一樁吧。

與其策劃種種獨占製造商的方法，還不如去公開名稱，若能激勵製造商，讓他們感受到努力的價值，除了能繼續製造更好的東西，與我們公司的關係，也將更為密切。對中川政七商店來說，擁有這層關係，才是任何東西都無法取代的財產。

實際上，前原光榮商店後續新開發自有品牌，就對中川政七商店提出了麻料進貨的需求申請。過去，我們委託他們製造，進貨之後再銷售。這種單方向的模式，如今已轉變為雙向往來。因此，我們的關係，變得比過去還更堅定不移。

從事高尚的生意

雖然我家裡不是特別富有，但從小無論是唸書或運動，靠著自己努力，都在一個理想的環境中成長茁壯。當有人問我是否擁有渴求成功的強大企圖心，我只會老實回答沒有。

經營也是如此，當每一個腳步更接近「為日本工藝注入元氣！」的遠景時，我就會非常開心，我認為，它具有重要的意義，所以努力實現，我並不是執著於能從誰那裡得到回報，或是想成為超級富豪才去做。或許有人會覺得，我這種心態太天真單純。

然而，我非常認真去思考「合理利潤」這件事情。利潤就是透過事業對公司提供某種價值的證明，雖然它對企業永續經營不可或缺，但並非因此就完全以追求最大利潤為目的。買方（顧客）、製造者（工藝品製造商）、賣方（中川政七商店）應各自取得合理的利潤，對社會做出貢獻，三方若不好，「四方」則更為理想。

舉例來說，對目前的中川政七商店而言，到底賺多少才算合理，以營業利潤來看，大約是百分之十左右吧。假設我們賺取百分之二十的利潤，恐怕就無法確保其他人能獲得合理的利潤了。

順帶一提，百分之十這個數字比例，是對利潤擁有堅定信念，松下幸之助所訂出的合理水準。當然，隨著時代與業種的轉變，「合理」也將產生變化，並非絕對性的指標。不過，我個人將這個數字牢記在心中後，才去經營企業。我認為，製造商、大日本市的成員們，所有的企業伙伴，同樣必須從事公平的交易，各自取得合理的利潤。

只不過，實際上隨著事業拓展，組織愈來愈龐大，交易往來的關係也變得更複雜，如此簡單的事物就不易推展。例如，大日本市伙伴與中川政七商店之間，就不存在彼此合作所開發商品的相關權利金合約。雖然我們還是有訂出一定的利潤金額，不過除了展覽會與中川政七商店的直營店以外，他們以其他個別管道銷售的獲利，我們公司不會過問他們的銷售金額。透過這樣的互信關係，採取由他們自主申報的利潤計算方式，假設申報發生錯誤，我們公司不會去核對，也不會指出錯誤。

我與大日本市伙伴的負責人之間擁有信賴關係，因此覺得這樣就好。然而，隨著時間與彼此公司的成長，許多員工擔任窗口工作時，並不知道企業諮詢發生的情況與後續發展，若再依照相同的模式去做，可能會出現問題。儘管如此，我也不想用合約書這種東西綁死。並不是沒有適合的法律條文或規則可循，而是我想建立在信任的基礎上，是否能不去侵害彼此的自由與權利，擁有較寬鬆的關係，目前我仍在摸索當中。

「你們的生意都非常高尚。」編輯工學研究院的松岡正剛所長，曾對我說過這句話。當時，他知道我們公司對跑業務非常淡泊，擔心再這樣繼續下去，可能連生意都做不成。雖然他並非指出兩者利害的關連性，但卻點出了中川政七商店做「高尚的生意」真實的一面，我當做是稱讚我們的話來收下它。

果不其然，我還是不擅於跑業務或面對企業伙伴之間的執著貪婪。提到工藝，不管去日本各地，雖然都有中川政七商店投資的製造商，但若想製造出屬於中川政七商店風格的商品，這並非是我們的初衷。我們希望各個地區與製造商善用自己的特色，製造出多樣化的東西，消費者能配合自己的喜好來選購，如此才是最自然的方式吧。

因此，我不會讓製造商像承包企業一樣，奪去他們的自主權與自尊，我樂於讓他們獨立自主，提供支援協助。我認為，不應以自己的方便或做法來強迫他們，只允許染上單一色彩而已，反而應該運用我們與製造商或產地連結的線，一根一根交錯編排，一起編織完成工藝的未來。

不嫌棄耗時費工與風險

繼襪子品牌 2&9 後，我們在二〇一三年，正式推出手帕專業品牌「motta」。事實上，手帕與中川政七商店的緣分頗為深厚。

雖然中川政七商店有三百年老店之稱，但令人意外的是，家族無法好好保管東西，明治時代曾經發生過一次火災，幾乎把過去的東西燒得精光。不過在一九二五年，參加巴黎世界博覽會時，麻製手帕卻在意外時刻突然登場，原來它夾在紙板中，被放進一個塑膠袋裡，躺在層櫃的一角，於是就這樣不經意地被發現了。

這條手帕採用了極細緻的手織、手編麻線材質，繡上了菊流水紋、唐草文、鳥草木文等三款傳統且摩登的花紋圖案，現在若製作相同的東西，一條至少要價數十萬日元以

RÉPUBLIQUE FRANÇAISE
MINISTÈRE DV COMMERCE DE L'INDUSTRIE
DES POSTES ET DES TÉLÉGRAPHES
EXPOSITION INTERNATIONALE
DES ARTS DÉCORATIFS & INDUSTRIELS
MODERNES · PARIS · 1925
Le Jury International des récompenses
décerne

在巴黎世界博覽會時出品的手帕及獎狀

上。三款花紋圖案中，我們使用唐草文作為復古版紀念商品，分別於二〇〇八年遊中川二十五周年，以及二〇一六年中川政七商店三百周年時推出，承蒙大家厚愛，非常受歡迎。

巴黎世界博覽會舉辦在二十世紀初，當時手帕屬於高貴象徵，使用蕾絲與刺繡等裝飾技術互相競爭。然而，現代強調吸水性、防皺的迷你方巾或紗巾材質較受歡迎，不過，隨身攜帶手帕的人似乎沒那麼多。由於現在不論去哪，廁所裡都備有烘手機或紙巾，所以沒帶手帕也不至於太困擾。當然，裝飾性高的手帕，需要經常熨燙平整，因此，愈來愈不受女性青睞，市場銷售情況，也呈現一路下滑的趨勢。

不過，手帕之所以賣得不好，我認為原因不光是現代人的生活習慣或環境所造成，而是不少人找不到理想的手帕。去一趟百貨公司，在一樓賣場醒目的地方，總有許多色彩繽紛與華麗的手帕，整齊地陳列擺放著。但老實說，每一處幾乎大同小異。知名品牌或國外設計師的授權商品，乍看之下，都有美麗的印花圖案，但其實都必須經過熨燙才會平整，吸水性能似乎也不是太好。姑且不論是否作為禮物送人，一旦自己使用時，就會仔細思考實用性的問題。

因此，當我成立手帕品牌，首先決定製造出免熨燙、吸水性佳，讓大家能愛用並持續使用的手帕。帶出門一整天，就算擦汗、擦手也不會變形，更不會失去外觀上的清潔感。經過思考之後，材質還是使用綿與麻，因為兩種材質比起印花，更適合編織。

然而，製作上並沒有那麼簡單。在材質平整、無凹凸的薄薄一層平面上，雖然容易縫製，但在粗厚觸感的材質上面，就必須使用邊緣的處理技術，我們在尋找承包工廠時，

公司自有的物品品牌「motta」的手帕和「2&9」的襪子

費了相當大的功夫。而且，一旦要織出原創的布料，製造批量就需要增加。目前市面上之所以充斥著易織、小批量、容易商品化的印花手帕，正是因為這層因素。

即然如此，我們何不去做印花手帕呢？正因為我們是中川政七商店，所以不會選擇這麼做。為了讓價格合理，即使增加製造批量，我們仍決定先做出自己滿意的原創布料，再製作成手帕。因此，不冒一點風險，無法製造出好東西。

我們在製造 THE 這個品牌的玻璃杯時，對新基本款也採取相同作法。在新玻璃杯量產前，必須先將鑄模做好，這項成本的花費相當高。我們吸收鑄模的初期投資費用，若想以合理的價格銷售，只能增加製造的批量，然而品牌才剛成立，在還沒有任何業績的情況下，一開始就要把數量統整好，實在需要相當的勇氣。

到了最後，THE 股份公司的資本額，幾乎都投注在鑄模費用上，再進行量產。正因為我們與出資者的主要決策一致，所以能有所定奪，但如果有其他股東，或許將變得窒礙難行。順帶一提，由於受到玻璃杯大賣的庇蔭，THE 的事業至今仍持續活躍著。

若只是一味思考如何閃躲棘手的事情、降低風險，這件事情自然會失去本身的魅力，市場最終也會逐漸縮小。在 MBA 的財務課程中，雖然教導大家如何計算事業創造出的價值 NPV（淨現值）等指標，作為投資判斷的基準，但選擇這種途徑，無法開發新市場，也產生不了任何魅力。

這些判斷，最後其實也只能靠直覺發揮作用。我曾得到知識巨人之稱的松岡正剛先生的稱讚：「中川先生雖然學得不夠多，但總不會判斷錯誤。」我認為，在最重要的判斷關鍵時刻，只能仰賴自己的直覺，正因如此，它才成為經營者與行銷人的重要武器。

由於市場熱銷，motta 也與玻璃杯一樣，順利步上軌道，維持著最初提出的品牌概念，我們不斷推出新手帕上市。我由衷期盼，十年甚至二十年之後，還能持續看到這一幕，屬於日本獨特的美麗風景——在早上出門之際，媽媽開口提醒：「手帕帶了嗎？」。

「喜愛」才是最重要原因

雖然感謝松岡先生的正面評價，不過我還是偶爾有誤判情勢的時候。迅銷公司的柳井正社長也說過「一勝九敗」的名言，所以不可能沒有一位經營者沒嘗過失敗的滋味。

因此，當一般的經營者面對業績衰退，寄予厚望的商品不如預期，不知不覺容易退縮，尋找各種藉口來應付。這時，應把各種數據組合交叉分析，仔細傾聽顧客的聲音，也就是運用曾經一度盛行的市場導向方法。

不過，我對工藝製造還是一貫主張，認為應該還是以產品導向為重。我們製造方以快樂的心情，帶著愛好工藝品與強烈的動機，從事工藝製造，提供優質的東西，如此一定會出現認同而選擇我們產品的人。特別是現在透過網際網路，相當容易傳達製造者的理念與背景，在這樣的環境下，即使只有一個人，若認真努力樂在其中，一定會出現回應的人。若大家仍無法理解，我想問題在於製造者的熱情不足吧。

中川政七商店在三百周年策劃紀念商品時，就發生了類似問題。專責商品企劃的員工遲遲提不出讓人覺得「就是這個了！」的好企劃案。最後提出的東西實在平凡無奇，完全無法感受他們對這項企劃有任何熱情。發怒對我而言十分稀奇，但是我斥責了大家：

「你們對得起自己的專業嗎？」

假設拿這些問題去問學生，姑且不論實際上是否可行，肯定會出現更多充滿創意的點子。過去，這些商品企劃的員工們明明就辦得到，卻在日復一日的工作之中，漸漸忘掉了想像的自由，以及樂在其中的心情。就算累積許多經驗，擁有製造商品的專業知識，一旦熱情冷卻下來，一定無法做好任何事情。

順帶一提，我提出的三百周年紀念商品企劃，有兩項點子被採用。其中一項企劃是日本工藝版的大富翁遊戲，在這項屬於世界主流的桌上遊戲裡，我們添加了許多日本的工藝歷史、產地名稱，以及工藝作品，期望不論成人或小朋友，都能發現工藝的魅力。

另一項企劃是與明治巧克力的合作案。那令人熟悉的巧克力顏色包裝，突然出現了中川政七商店的兩頭鹿。據說，這條牛奶巧克力商品是頭一次與企業跨界合作。實際上，我們為了實現這項企劃，一共經歷了三次提案，卻全部遭到退件的慘痛過程，無法三局定勝負，最後到了第四局才總算成功，能夠趕上三百周年，真的是太好了。

如果問我，為何如此執著於明治牛奶巧克力，主要原因是自己實在太喜愛它了。當然，其他知名的巧克力品牌也相當美味，這些巧克力擁有毫不遜色的華麗外觀與包裝，但價格上卻也非常高貴，所以呢，好吃也是理所當然。

相較於這些巧克力，明治的牛奶巧克力的價格設定就保守許多，小朋友用自己的零用錢就能輕鬆買到。還記得小學時期，媽媽雖然不太喜歡甜食，但不曉得為何只吃牛奶巧克力，而且總是吃得津津有味，所以我常買來當點心，與媽媽一起分享。

在長大開始做這份生意之後，除了設定合理的價格，同時我對品質也絕不妥協。自從這款純樸的純巧克力開始銷售後，他們長期對品牌堅持的態度，引起了我個人的認同感。雖然我們公司小量或中量的製造生產，與牛奶巧克力的大量生產情況不同，但我們提供優質商品與合理價格的態度，卻是共同一致。

因此，我自居為牛奶巧克力迷，在很久以前就朝思暮想在店面陳列合作商這一天的到來，，甚至連廣告 POP 的文宣都想好了。在我們店面陳列的所有商品，都是像這樣，由於每一位員工的「喜愛」，進而激發出靈感所誕生的。

掌握組織的衝刺速度

企業諮詢陸續產生成效，二〇一一年起，我們協助企業，提供銷售通路的大日本市受到矚目，但我察覺公司內部士氣與工作品質有些許異狀，我認為其實應該還能做得更好，以我們的能力，不應該只做到這種程度，這種想法日趨強烈。

由於我們公司獲得在流通與行銷業界深具影響力的《日經 MJ》雜誌全頁刊登報導，並在全日空航空公司的飛機艙內電視節目裡亮相，我個人在媒體露臉的機會大增，二〇一二年，我參與著作的兩本書籍出版，在對工藝並沒有特別關注的社會大眾之中，知名度也提高不少。因此，每次一舉辦展覽會，總像安排好一樣出現盛況。從外部看我們，或許就像歌頌春天一般幸福美好吧。

然而，對我而言，非常在意公司內部志得意滿，無法冷靜的情況。由於我們公司成為其他企業的得力助手，所以安如泰山。雖然無人開口，但公司裡卻瀰漫著這股氣氛，明明公司規模不大，卻已出現大企業病的症狀了。

最主要的原因，在於我對企業諮詢工作過度專注，將公司的事情都交給了品牌經理與各部門的主管，而自己為了其他公司絞盡腦汁，我認為一切沒問題，已紮實培訓品牌經理等各部門主管，可以放心將公司交給大家，但這或許是我過度自信。

我第一本著作《中川政七商店的品牌打造術：看一家小店如何讓日本企業競相膜拜》的書腰上文字，由星野渡假村的星野佳路社長所寫[28]，為此我第一次拜訪他時，聽到了「自

28 此處所述為日文原版書腰，非中文翻譯版書腰。

己做得到的事，最好不要認為其他人也做得到」這樣的話語，現在我回想起他對我說的這一段話。

老實說，雖然當時我無法理解這番話的道理，但是隨著事業拓展，組織變龐大，讓我深刻體會這句話的涵義，員工的確不可能與自己的能力相同。儘管大家工作非常認真仔細，但由於整體過於溫和，所以鬆懈的氛圍才在公司裡蔓延開來。

我曾經一度集合員工們大發雷霆。我們提出了這麼響亮的標語「為日本工藝注入元氣！」不只顧自己，也決心協助其他中小企業。按理說，大家認同這項遠景而產生共鳴，才會齊聚一堂，然而，看到大家心態如此，就只能發揮這點本事，根本無法成為他人的得意助手，還不如把招牌拆掉，專心做自己的事業就好吧？我看著員工們回應我的銳利眼神，訴說著不甘於讓一切就此結束。

當初提出遠景時，一旁摸不著頭緒的員工，看到了丸廣與忠房，透過企業諮詢而重振事業時，表示「原來是這麼一回事啊」而有所領悟，不過這種想法之中，還是帶著「企業諮詢是社長的工作，與我們沒有關係」的意識。

然而，這種想法是錯誤的，我總是找機會向大家仔細說明——即使員工沒有直接與企業諮詢產生關係，但不論是透過媒體宣傳商品的魅力、或是做好銷售管理來協助通路、在店鋪中銷售讓顧客將工藝品帶回家、在日常生活使用它，這一切都能夠促成遠景實現，與中川政七商店全體員工的工作有著密切關係。

我想許多人一定都聽過這個故事。有一個人問正在堆石塊的師傅：「你在做什麼呢？」其中一人回答：「你一看就知道吧！我在堆石頭。」然而，另一位師傅卻表示：「我們在打造日本最棒的城堡。」當然不用說就知道，哪一位能更快、更精確地築起石牆吧。是否能瞭解遠景而工作，結果當然會差距甚遠。

無論企業諮詢、商品企劃或在店鋪裡接待顧客，當然，也包括辦公室的內勤工作，我們公司沒有任何一項工作與遠景無關，由於我不斷持續地傳達這項理念，全體員工終於漸漸能明白遠景的意義，將它當做「自己的事」，我自認掌握住這種感覺。

就這樣，我感到自己對公司內部瞭解不足，疏忽遺漏應該確實穩固的部分，讓問題曖昧不清，停滯不前。就像巨大的金字塔堆積石塊一樣，公司業績每一天持續累積，若無視石塊嵌入的地方不合或鬆動，依然繼續堆砌石塊，一定會從有問題之處開始崩落坍塌，最後造成嚴重損失。就經驗上來說，我非常瞭解這層道理。

我認為，所謂經營者的職責，就是決定前進的方向與速度。若前方沒有障礙物，雖然能快速抵達終點，但速度過快，員工的腳步將無法跟上。因此，過快或過慢都不行，對經營者而言，看清楚並掌握好在快跌倒與沒倒下之間的速度，是一項非常重要的工作。

如果滿足現狀，就等於停止成長。我經常在公司裡說：「目前的成績只有三十分。」或許有員工認為，我們這麼拚命才拿到三十分，但如果給七十分或八十分，大家恐怕會鬆懈而放慢腳步。在肯定大家的努力與成長之後，經營者千萬不能輕忽員工能力不足或有待改善的地方，必須再提升成長的層次，我們沒有罹患大企業病的本錢與時間。

無法實現的孝行

既然成立了公司，總有一天要讓股票上市，擁有這種念頭的投資創業家一定非常多吧。由於我是繼承家業的人，正確來說不能稱之為創業家，因此，也不曾夢想過公司上市。沒有上市上櫃的知名優良企業非常多，對於股票公開發行這件事，我也沒有特別感到榮譽，雖然以個人立場而言，聲稱不想獲得上市上櫃的利潤是騙人的，但我真的沒有那麼執著這件事情。

那麼，為何我曾經一度決定公司上市上櫃呢？正如在序文中的敘述，是為了讓中川政七商店，在日本工藝業界成為最閃耀的一顆星，也希望我們公司成為名符其實的企業，增加廣募人才的機會，找到適合人選，成為我的接班人。

事實上，我考慮從中川家以外的人之中，尋找第十四代的繼承者。過去，我雖然曾公開宣布五十歲退休（二〇一六年十一月，我繼承第十三代中川政七的名號，撤回這項宣言，原因將在下一章詳述），然而一旦如此，所剩時間就非常有限，要在這段期間內實現「為日本工藝注入元氣！」的遠景，不管怎麼想都非常困難。

想讓這項大挑戰獲得成功，唯有打破家族企業的框架，將中川政七商店作為社會的公器，投入時間致力發展，這也是當初推動上市上櫃的理由之一。

然而，公開發行股票伴隨著諸多條件限制，就算不透過這種方式，也能找到實現的道路，後來取消上市掛牌的申請，就如序文中的描述一樣。只是，我對這項決定，心中仍有一些懊悔，這是前所未有的遺憾，不過，今後應該也不會再有吧！

我無法忘記當時對擔任會長的父親報告決定上市上櫃的記憶。雖然許多家族企業都有親子爭論不休的經營方針問題，但在我們的家族卻不曾發生過。父親在我返家進入中川政七商店公司之後，雖然有時仍對主要事業的第二事業部表達一些意見，但最終還是交給我決策判斷。

相對的，隨著業績成長，開始受到媒體矚目，父親並不會特別稱讚我，只是淡淡地在一旁，關注著事業的變化動向。但是，對於上市上櫃，他非常罕見地露出喜悅。

父親離開自己成立的成衣企業，回家繼承家業時，還只是一間家族經營的小公司而已。在麻的原料需求大減情況下，開創了茶道用具的新事業，以它為重心，藉此好不容易突破了困境。

祖父過世時，父親於是成了繼承人，或許是對肩負重任過度戰戰兢兢，據說在葬禮時，一滴眼淚都沒有落下。這間小公司，如今成長為準備上市的企業，所以更是感慨萬千吧。

在公司裡，至今仍有一段父親的演講流傳著，內容是我們與證券公司、會計師事務所，以及公司裡協助上市的專案小組商宴聚餐時，父親在最後散會前說的一段話。

「我兒子從以前就是個孝順的孩子，到目前為止，做了許多讓我開心的事情。沒想到我能在自己還活著的時候，看到中川政七商店上市上櫃，這真是夢寐以求的事情，能聽到這件事的消息，實在令人欣喜。但是，到現在我最開心的事情，其實還是兒子回到家裡繼承家業。」

我不禁懷疑自己耳朵是否聽錯了，回想當初，那個對著我說不用回來，不讓我繼承家業的父親，卻讓我第一次聽到他的真心話，與父親第一次見面的證券公司人員，以及外聘的獨立董事山田遊先生，大家的淚水也都在眼眶中打轉。我認為，光是聽到這番話，或許就足以代表我們以上市為志向的意義了。

然而，閱讀過本書開頭的讀者應該知道，這件事情在日後有一些甘苦談。過了一年半之後，我決定取消公司上市掛牌的申請。原因正如文中描述，我們榮獲波特獎企業獎項，局勢有所轉變，就算公司不上市上櫃，我們一樣能招募優秀人才。

就我個人而言，這是在謹慎思考推論後所做的決定。雖然父親表明我繼承家業這件事比聽到公司上市還要開心，但我的這項決定，讓人看出藏不住喜悅的父親確實非常失望。不過，既然決定，就必須稟報，下定決心之後，我撥了通電話，結果意外傳來「這樣啊。你決定了就好。」的輕鬆回話，我感覺自己卸下了肩上重擔。

然而過沒多久，我立刻領悟到自己的想法實在太天真。在隔日後的每天早上，都會接到父親的電話攻擊，他不停提出各種方法或選項，試圖讓我回心轉意，恢復公司上市的決定。我告訴父親，所有的建議，我都曾經檢討過，父親於是一句「我知道了」便將電話掛上。這並不是代表他認同，而是另外想其他方法來說服我。隔日早晨一到，電話又打來，開始談起與前一天不同的提議，我再次回答已檢討過，「喔！這樣啊」說完又放下電話，如此反覆了三天。

當時，父親罹患癌症，醫生表示時間所剩無幾。雖然我並不後悔取消公司上市申請，但一想到父親為這件事情分明如此開心，到了最後，我唯獨在這件事情上，無法竭盡孝道，實在感到非常遺憾。

最近，我再次思考，自己成為社長時，父親對我說過的一席話：「千萬不要被任何東西局限困住，應當優先思考，如何讓生意繼續做下去。」我仔細思索其中的意義，我認為，應該要做的事情就必須優先做好，所以得到的結論是，社會需要中川政七商店，並且能永續發展，這才是最理想的，我與父親的想法似乎相同，但還是有些微差異。

不過，經過三百年的時光，直到父親這一代，總共有十二位傳人，正因為他們竭盡全力奮鬥不懈，才有今日的中川政七商店，這鐵一般的事實永遠不會改變。我接下棒子，以第十三位跑者的身分，將父親的諄諄教誨銘記在心。

紀念三百周年以立體雕刻製作的兩頭鹿
左邊使用尖端技術，右邊運用傳統工藝技法，
呈現「新舊對比」。

第六章

迎戰三百周年

「大佛生意」所招來的負面循環

二〇一三年，中川政七商店的新挑戰「日本市企劃」開跑。我們公司進入關係似近又遠，全國伴手禮品製造商與各地伴手禮品店鋪的中間，打造僅限於該地區才能購買的伴手禮品，嘗試建立工藝品的地產地銷模式，確保地方特色。

首先，大家聽到伴手禮品，會產生什麼感覺呢？其中一種情況是，旅行回來後，親朋好友如果知道自己旅行，一定不好意思空手而歸，於是只好急急忙忙，衝到機場或車站購買。雖然自己察覺這些伴手禮與去年九州、今年東北所推出的商品大同小異，但還是得先將應分發的數量購齊。就這樣，收到的人也不會抱著太大的期待。這不正是大家對伴手禮品的一般印象嗎？曾幾何時，伴手禮品已經成為如此令人遺憾的存在呢？

伴手禮品的起源有諸多說法，其中一項是來自參拜伊勢神宮時的「宮笥」[29]。過去，能夠前往伊勢神宮參拜，對平民百姓是遙不可及的夢想，為了實現它，人們組成所謂的「互助會」，大家出錢出力，推派前往伊勢神宮參拜的代表者，在參拜結束後，代表者會購買以木板貼上符咒的宮笥帶回互助會送給大家，來作為對於出發前收下餞別的回禮。

29 宮笥：與日文伴手禮品「土產」的發音 MIYAGE 相同。

無論是對贈送者或收下贈禮的人來說，它象徵了大家對這趟旅程的期待與重視，而這正是伴手禮品的起源。

由於日本人重視禮尚往來，所以旅行與伴手禮品，有著密不可分的關係。觀光伴手禮品的市場規模約達三兆六千億日圓左右，這數字與三十年前比較，幾乎沒有任何改變，然而，產生變化的卻是食品與其他伴手禮品的比例。雖然三十年來總金額幾乎沒有改變，但目前食品占比為八成，非食品為兩成，所以非食品項目的比例呈現了下滑趨勢。因此，我們得到一個結論，人們外出旅行，購買伴手禮品的習慣依然維持，但食品以外的東西，卻已不受青睞。

由這一點可推測，市場上並沒有出現食品以外，讓大家有衝動去選購的伴手禮品。我們能見到各地的「道之驛」[30]盛況不斷，在每個地區，都有能在當地取得的生鮮食品、當地企業所製造的加工食品，旅行者完全不在乎行李增加，搶購的熱潮實在令人印象深刻。

另一方面，人偶、裝飾品、服飾、食器類等食品以外的物品，在店鋪裡積了一層厚厚的灰塵，給人一種莫非已經放在這裡多年的錯覺，甚至有些東西感覺像古董一樣。

30 道之驛：由日本各地方政府與道路管理單位合作規劃，並登記於行政機關國土交通省中，以商業、休閒、振興地方、停車場為一體的綜合性功能設施。讓道路使用者與地方居民擁有「休息」與「收發各種資訊」的功用。

看到這些物品的品味或品質，就算想說句客套話稱讚也說不出口。不管走到哪，都能看到相同的玩偶公仔，只貼上不同觀光地區名稱的標籤，令人感覺粗製濫造，甚至還光明正大印上「中國製造」的文字。如此一來，作為禮品贈送他人，實在令人望而卻步，當然，更不可能自己買回去當紀念品。

不過，仔細探尋伴手禮品，也能發現有趣的東西。例如，有人運用當地的手工技術，製作民俗藝品與生活雜貨，雖然無法驕傲自豪稱之為傳統工藝品，但長期受到大家喜愛而持續製造，充滿可愛與純樸的感覺，引起大家的共鳴。然而，這樣的東西卻也是寥寥無幾。

由於銷售不振，參與製造生產的人愈來愈少，我幾乎無法掌握當地的伴手禮品店鋪，或由誰製造等資訊。只剩下一些純屬興趣的製造者，他們不在乎銷售好壞，只處在自己的空間，製造自己想做的東西，能夠販賣的產品種類與數量也相當不穩定。

這樣一來，就算能如我們所願，將當地特有的東西，放在伴手禮品店鋪銷售，大部分的商品也不得不仰賴中盤商進貨。如此結果，將失去當地自產的「真實性」，銷量也會愈來愈差，最後陷入惡性循環。

有件令人難以置信的事情，一間伴手禮品專賣店的中盤商業者，在型錄照片裡的商品旁邊，擺放了「hi-lite」香煙盒去對比。以現今的吸煙人口比例來看，我認為以hi-lite香煙盒的大小，作為測量的參考標準實在困難。或許業者從過去幾十年前開始，就一直使用相同的商品、相同的照片吧！企業的努力用心到底跑去哪裡了呢？

然而，許多伴手禮品店鋪，仍向這類中盤商批貨，他們認為，即使自己不用特地辛苦尋找好商品來進貨，旅行者也一定會購買。就這樣，隔壁店鋪，甚至再隔壁的店鋪，都能發現這種令人不可思議的景象，大家賣一樣的商品，標上一樣的售價，不管走到哪個觀光景點都隨處可見，反正賣得還算好，所以不想去碰其他麻煩的事。

有一句話叫「大佛生意」，就將這種情況形容得非常貼切。由於受到大佛的庇蔭，在參拜道路上，反正會有絡繹不絕的觀光客，商店與餐廳就算不用那麼努力，也能持續經營生意，所以可以蹺起二郎腿，等待客人上門，因此稱為大佛生意。

即使不認真經營生意，業績也還算過得去。但不用心經營，食品以外的伴手禮品質愈來愈低落，旅行者想購買的東西也消失殆盡了，伴手禮品市場裡的工藝品需求，更是日趨減少。我擔心在日本全國各觀光地區，這種負面連鎖效應的情況只會愈來愈嚴重。

此時此刻，伴手禮品業界的困境，只能說是業界自己製造出來的東西吧！

伴手禮品的無限潛能

若從工藝品的角度來看伴手禮品所面臨的現狀，仍有一些不同的意義。如果能回到過去伴手禮市場中非食品的銷售規模，占整體三兆六千億日元的一半，那就代表它具有一兆八千億日元的市場規模。我們公司若能在食品以外的伴手禮品中，以工藝品的項目取得一定的占比，市場規模將一口氣擴大。也就是以工藝品作為伴手禮品的出路，藏著極為龐大的發展潛能。

除了擴大規模以外，對工藝感到無緣的年輕人，或對日式生活雜貨沒有興趣的人，我們應該設法讓這些人在旅行目的地被伴手禮品吸引，進而嘗試選購自己喜歡的一項商品。以此作為開端，在下次逛街購物時，就能夠開始把目光焦點放在工藝品上。從這層意義來看，以伴手禮品作為工藝品的出口，其實是有其道理的。況且，在日本全國，所有觀光地區與人潮聚集的地方，都有伴手禮品店，能夠為日本工藝注入元氣，這應該是一個方向正確的做法。

不過，問題在於如何將優秀的工藝製造者與伴手禮品店鋪結合。若從遠方其他地區進貨銷售，就與之前的做法沒有兩樣。透過每個地區製造商，製作出屬於地方特色的工藝品，並在當地的伴手禮品店鋪銷售，才是地產地銷的正統做法。不過，就算兩者在物理上距離接近，在生意往來上未必能產生連接點，甚至，不清楚彼此的存在也不足為奇。因此，我們公司願意成為替彼此媒合的角色，創造出供給與需求的小型循環模式。

我們為製造商提供商品企劃與設計，讓它能製作出優良工藝品，成為伴手禮品，經由中川政七商店收購，再批發給伴手禮品店鋪。我們不僅能協助伴手禮品店鋪開發原創商品，還能提供促銷或店鋪營運的專業知識。以合理的價格購買合理的數量，製造商就能以事業經營，推動伴手禮品的產業，伴手禮品店鋪也能降低庫存風險，得以實現集客與提升業績目標。當然，旅行觀光客也只能在這個地區，購買專屬這裡的伴手禮品。

中川政七商店能夠進入與伴手禮品密不可分的銷售者、製造者、觀光客三方之間，實在感到有些幸福。這正是所謂的日本市企劃，我們與每個地區優良的伴手禮品製造商一起奮鬥努力，我們將這些企業伙伴，稱之為具有親近感的「仲間見世」。

仲間見世的第一號店位於福岡縣的太宰府天滿宮裡。配合既有的觀光介紹所整修翻新，規劃同時成立一間伴手禮品店，中川政七商店協助商品開發、營運、接待顧客、賣場陳列等工作。我們以太宰府著名的梅花，以及當年度的十二生肖為靈感，完成aniary品牌的織物包包與化妝包等小東西之外，並以福岡地區的工藝，開發了博多水引繩結紅

函館機場的仲間見世。
銷售伴手禮品為當地傳統與工藝扎根

日本市企劃的流程圖

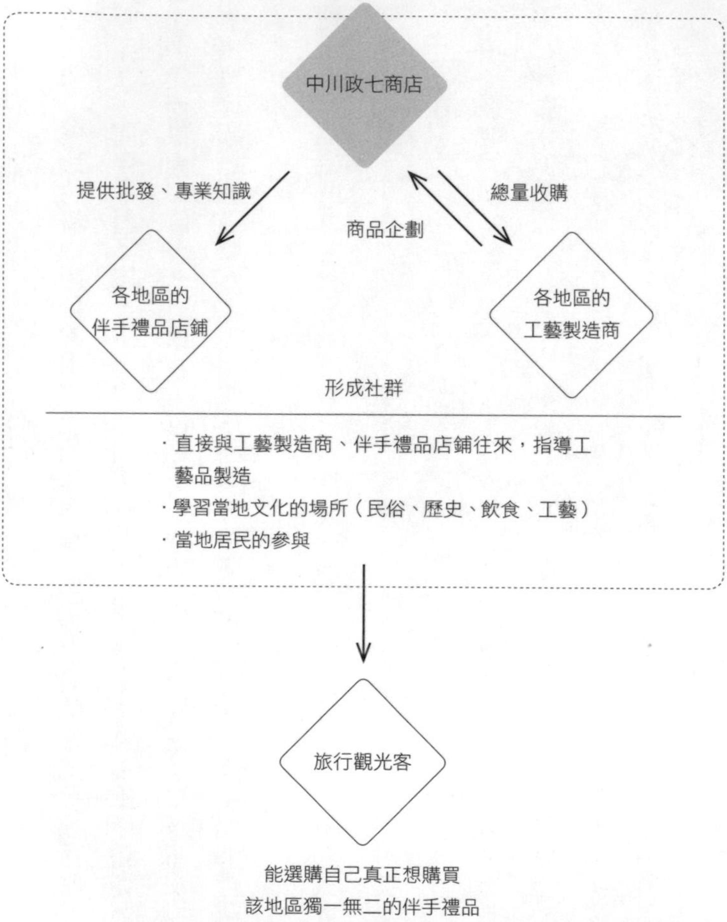
中川政七商店
提供批發、專業知識
總量收購
商品企劃
各地區的
伴手禮品店鋪
各地區的
工藝製造商
形成社群
· 直接與工藝製造商、伴手禮品店鋪往來，指導工藝品製造
· 學習當地文化的場所（民俗、歷史、飲食、工藝）
· 當地居民的參與
旅行觀光客
能選購自己真正想購買
該地區獨一無二的伴手禮品

包袋，創造出的營收，足足是整修翻新前的六倍之多。

仲間見世後來又增加了出雲大社前、金澤、城崎溫泉、函館機場、伊勢神宮前等店鋪，最近鎌倉的新店鋪也預計開幕。另外，在我們的故鄉奈良，以及羽田機場裡等地區，一共也開了六間直營店鋪。或許有人會建議我們，全部以直營店鋪的方式經營較好，但我認為當地的伴手禮品，應由當地銷售的店鋪來深耕，交給從過去開始就一直做生意的當地人來經營才正確。

雖然一開始，我們對商品企劃與工藝製造，提供專業知識來全力協助，將每個地區的特色發揮到淋漓盡致，但最終還是期盼大家能漸漸自立自強。例如，仲間見世五號店在函館機場，由函館空港 Building 公司員工們營運，就成為了一個相當好的範例。

一直以來，雖然他們從事機場航廈的設施管理與會計等較嚴肅的工作，但透過工作坊，從基礎開始學習，與我們一起著手實務上的商品企劃與設計，漸漸培養了實力。從思考商品策略，與大家一同腦力激盪，做好整體規劃來開發商品，到成為當地工藝製造商的橋梁。目前已經能完全靠自己的力量，做好工藝製造，持續努力銷售，將心態調整到最佳狀態。

雖然我並非以地方創生這種雄心壯志為目標，然而，透過伴手禮品，振興各地區的工藝製造商，地方如果能因此產生活力，我們也會感到非常開心。

我在公司裡發表，未來十年，仲間見世將擴增到一百間店鋪，引發內部些許騷動。其中不乏「來真的嗎？」與「誰來做呢？」等疑問，我仔細解釋，表明自己絕對是百分之百認真，並且有十足的把握能夠實現它。

旅行觀光客看著「仲間見世」的招牌，心想「或許能買到什麼好的伴手禮品」滿懷期待望著店鋪。我相信在日本全國觀光地區，能看到這樣景象的一天將指日可待。

奢華品牌的可行性

如果將工藝的世界看作是一座金字塔，伴手禮品的單價低，但數量較多，所以可將它歸類為底層部分，這些工藝品以在地生產、在地銷售的地產地銷模式，成為貼近我們日常生活的存在。中川政七商店與遊中川，加上 2&9 與 HASAMI 等品牌，我們將它定位在金字塔的中間部分，以特定的產地與日本各地的工藝製造品，在日本國內銷售。到這個階段為止，基本上都是考量國內需求，提供國內市場的供需型態。

那麼，我不禁去思考，位於金字塔頂尖工藝品的品牌到底在哪？我們生活中，常見的有愛馬仕、路易威登，鐘錶品牌則有百達翡麗，然而，在日本的工藝世界裡，我想不出有哪些品牌能與其匹敵。

舉世不論在金工、陶藝、木工藝、漆藝等領域，日本擁有足以誇耀的工藝技術，實在不勝枚舉，常見的有神社佛寺等物品，有些冷門偏好的收藏家，會將它視為藝術品而收購，文華東方酒店或阿曼等高級飯店在進軍日本時，也把家具或藝術品運用在飯店風格的搭配。然而，有這種需求的人卻極為有限。

對經濟充裕的人來說，由於認同了愛馬仕或路易威登等品牌的價值，才會愛不釋手。在這三、四年裡，我一直望著金字塔，思考著這個問題，日本的工藝世界裡，若能誕生出如此奢華的品牌，那該有多好。

不過，本來就不只有工藝品牌，在成衣與珠寶飾品的領域裡，也找不到從日本誕生，得到世界認同的奢華品牌。我以個人的看法來分析，最主要的原因是，並沒有將經營管理、資本，以及創作設計這些項目分開。

例如，路易威登與迪奧，在品牌早期階段，就已將經營管理與創作設計，從創業家族或創業者的手上分開，經營管理能藉此得到穩定，同時還能經常採用具有才華的設計師與創意總監，維持不墜的品牌聲勢。

另外，身為創業家族與創業者的工匠或藝術家，他們的哲學與價值觀成為品牌核心精神，代代持續傳承，所以每個時代的創意總監與設計師，都能以符合當時的形式，具體表現在工藝作品上。我在思考之後，明白一件事，那就是奢華品牌之所以能成為奢華品牌，並不是價格與稀少性等因素，而是始終如一堅持的哲學與價值觀。

雖然日本在世界上，有足以誇耀的流行時尚品牌，以自己的名字作為品牌名稱，然而，當設計師退休之後，能否有人接棒，身為門外漢的我實在是看不出來。或許原因在於，是否將經營管理、資本與創作設計這三方完全切割有關。如果能解決這一點，日本的品牌就有十足把握，搶攻金字塔頂端。

在目前的日本工藝界裡，除了技術方面領先，已經有人充分具備足以風靡世界的哲學與價值觀了。例如人間國寶[31]的染織工藝家志村福美（志村ふくみ）女士，她完全不使

31　人間國寶：基於《日本文化財保護法》，在音樂、傳統戲劇及工藝技術等具有高度歷史與藝術價值的「無形文化財」之中選出最重要的代表者，稱之為「重要無形文化財的個別認定保持者」，「人間國寶」為一般通稱。

用化學染料，以樹與草的天然植物來染線，使用手織機來織布，這是志村女士「獲取自然生命所完成的色彩」個人獨特的哲學，它擄獲了現代人，喚醒遺忘與自然共生的心靈。

日本與西洋的自然哲學觀不同，各自孕育的文化大相逕庭。西方想以人類的力量征服自然；日本則是帶著敬畏之心接近自然，得到自然的恩惠，凡事以和諧為重。在茶道與日式庭園中，我們能看到活用自然之美的美學，因此在世界上樹立起獨特的地位，並廣獲支持。志村女士的染織工藝也是如此，可說是日本再次面向世界，提出名副其實的價值主張。

志村福美女士的孫子志村昌司先生負責營運福美女士染色世界的學習機構「ArsShimura」，我曾一度與他討論有關品牌的打造事宜，提到了幾項可行性，其中我最強力推薦的是，由日本發起奢華品牌，朝向世界發展這項提議。志村女士將大自然編織為多彩的顏色，其背後支撐的哲學觀，放眼世界，還沒有其他東西能足以並列。因此我才會判斷，它絕對能以奢華品牌來樹立地位。

只不過，在成立品牌前，設計師與創意總監的存在不可或缺，例如古馳品牌的湯姆福特、伊夫聖羅蘭的艾迪斯理曼，必須藉助他們的能力，才能夠將品牌哲學與價值觀，轉變為具實用創造性的商品。非常可惜的是，在志村先生的案子中，創意總監的人選難產，品牌的推展遲遲無法啟動。

首先，我必須坦誠，負責選出創意總監的我能力不足。正如自己的反省，過去我沒有任何挑戰金字塔頂端的經驗，或許在開始之前就過度逞強了。在金字塔底層與中間部分的品牌，我做出了令自己滿意的實際成果。然而接下來，面對頂端處的品牌打造充滿鬥志，卻出現了事與願違的結果。

我在平時的企業諮詢，總是強烈意識到一點，在充分瞭解對方公司的經營基礎後，在不勉強的情況下，確實揮出每一棒，累積安打得分，提升團隊力量。然而，這次卻反常，無法像過去一樣。由於一直以來，我不斷擊出安打，所以開始自行想像，或許身邊的人都期待自己，下次也能擊出漂亮全壘打吧！我必須徹底反省才行。

不過，我並不會因此就放棄打造日本第一個奢華品牌的念頭，相反的，這種念頭變得更加強烈。

我並不喜歡「向失敗學習」這句話。「從失敗中學不到任何事情」的體悟，是由於我過去為了準備司法考試，整整耗費了兩年時間，最後放棄所得到的一個教訓。因此，今後我絕不讓自己失敗。

然而，就算誇下海口，也並非一切無往不利，我就不在此一一詳加描述。然而，不論是遊中川或中川政七商店，假設遇到經營困難時，我其實都已擬訂好撤退的準則與計劃。所以，我們在這個階段停下腳步，就代表宣告失敗了，日本初次打造奢華品牌的計劃，現況也只走到了這一步而已。

不過，只要不放棄、不停止，未必註定會失敗。我應多反省、重新擬定策略，檢討戰術。如此一來，下次或許會成功。若還是不行，就等待機會，再一次挑戰。如此不厭其煩地持續去做，總有一天，冷淡的成功女神會親切地朝向我微笑吧。在完全爬上工藝界的金字塔頂端之前，我可不打算結束這場比賽。

三百周年紀念企劃

中川政七商店在二〇一六年迎接創業三百周年。自從第一代中屋喜兵衛於一七一六年（享保元年）以奈良晒批發起家以來，始終兢兢業業，持續經營以麻材質的手編、手織生意。我所參與其中的一小部分，雖然只有十五年左右，卻也在二〇〇八年開始以社長的身分帶領公司往前走。

一般來說，一間公司的平均壽命，只有二十年或二十五年，然而，中川政七商店能夠持續經營三百年，這完全得歸功於曾經與它有關係密切的每個人，我在此再次表達由衷感謝之意。

雖說並非長壽就一定好，但能夠走到今天，我想是由先人們以某種方式完成使命吧。當下一個百年來臨，如果社會依然需要我們公司，一定能夠迎接四百周年，為了實現夢想，我身為第十三代傳人，負起描繪公司未來藍圖的重責大任。因此，我決定三百周年不應只是慶祝而已，應將二〇一六年視為實現下個一百年的重要一年。

提到周年紀念事業，許多公司會出版一部社史，或舉辦紀念活動，不過，我們公司不需要這種形同放煙火般的東西。那麼，若問我們為了什麼進行三百周年紀念活動，我認為主要目的是，讓更多人知道我們的遠景「為日本工藝注入元氣！」，製造許多機會，讓更多人認識工藝。因此，我們善用這百年一度的機會，展開了所有的計劃。

在二〇一三年秋天，透過公司內部公開徵選，組成了菁英七人小組。首先，從擬定主題專案計劃開始，互相腦力激盪，湧現出源源不絕的創意點子，無論哪個靈感，我們都難以割捨。最終，選出了二十項紀念專案計劃去執行。雖然項目非常多，但我認為，這一切不管是直接或間接關係，一切都是為了實現「為日本工藝注入元氣！」。既然如此，我們只能下定決心，整合全部的項目一起實行。

所有專案計劃的共通概念是「新與舊的對比」。溫習舊業，可以增進新知。所以我們展現決心，以溫故知新的精神，來開拓工藝的未來。

我們決定了紀念專案計劃時，想像著三百周年記者會的盛況，為了讓記者多寫一些報導內容，吸引更多人注意，除了紀念活動的內容，同時也希望海報能令人留下深刻的印象。所以，我們決定以主視覺設計來抓住大家的目光。提到中川政七商店，就會想到商標裡的兩頭鹿，我們委託水野學先生設計三百周年專用的標誌，同時複製這兩頭令人熟悉的鹿，製作出兩座立體雕刻的紀念雕像。

其中一頭運用了一刀雕[32]與象牙、鱉甲工藝等奈良傳統工藝，製作成一頭「舊」鹿；另一頭則以舊鹿為原型，運用了最先進的3D列印技術，由雕刻家名和晃平先生擔任總監

32　一刀雕：木雕的技法之一，又稱為奈良雕，特徵是將一塊木頭豪邁地雕刻為造型簡樸的木雕。

三百周年專案計劃相關圖

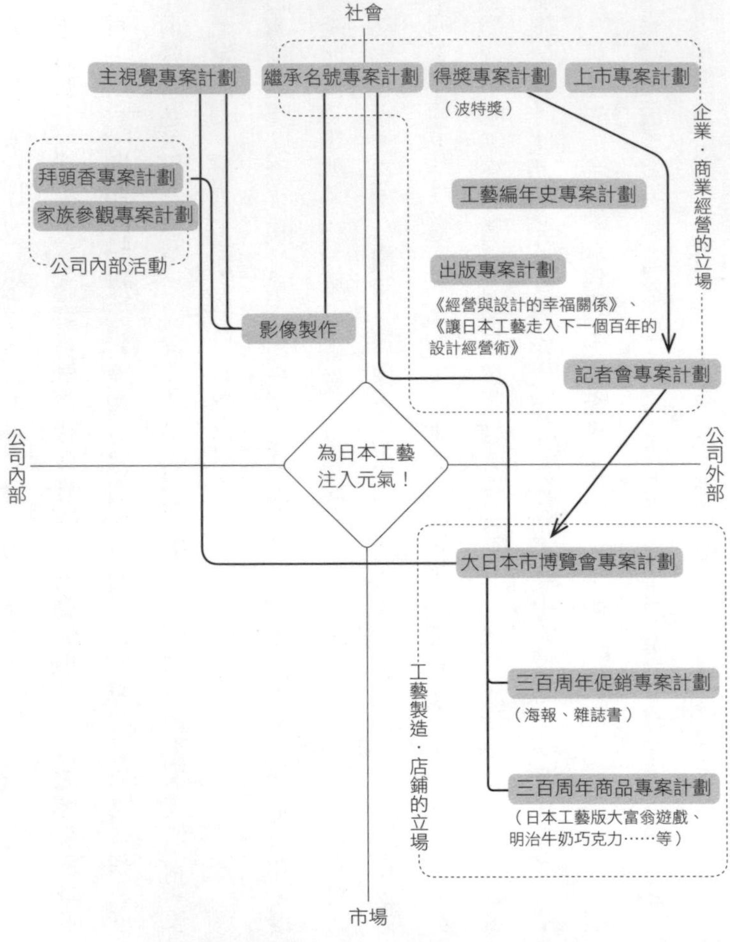

的 SANDWICH Inc. 公司操刀完成「新」鹿。

雖然不需要一部社史，但是我們希望擁有俯瞰工藝軌跡的東西，讓大家輕鬆閱讀就能夠樂在其中，同時也獲得些許知識。因此，我們計劃彙編工藝年代記（編年史）。不過，話雖如此，只靠自己的力量終究還是無法完成，於是我找松岡正剛先生商量，請他協助這項計劃。

然而，若僅僅只是回顧工藝的歷史，就像教科書一樣枯燥乏味。由於中川政七商店協助工藝產地與工藝製造商，目標使其達到經濟獨立，因此，我們以商業經營模式作為切入點，自然地回顧工藝的變遷，完成了令人目不轉睛，如古代捲軸般的屏風，我們委託江戶研究家的插畫師善養寺進（善養寺ススム）先生協助完成繪畫。

屏風畫費時兩年終於完成，除了豪華絢爛的外觀，所見之處無一不是學問，許多小細節的設計令人會心一笑，成為這個世界上絕無僅有的東西。

在盛岡的天空升起廣告氣球

接下來我們的計劃是，不透過任何媒體，改以其它方法，讓一般人更貼近工藝。我們以大日本市博覽會為主題，在全國的工藝產地，展開一系列與工藝相遇、學習，以及體驗的活動。

除了有能購買當地工藝品的市集以外，我們另外舉辦了脫口秀與工作坊，大家能夠直接看見工藝，親自接觸它。當然，工藝年代記也開始巡迴展覽，二〇一六年，從東京開跑，岩手（盛岡）、長崎（波佐見）、新潟（三條）、奈良，一共巡迴了五個都市。

為了使日本的工藝更活躍，必須使產地的經濟復甦，同時找回自豪感。然而，地方工藝從過去以來就一直存在著，一切被視為理所當然，沒有得到應有的良好評價，不容易看到它的真正價值。像我們這種外人進入當地後，再次稱讚「這實在太棒了！」，當地人不但不會對此感到厭惡，還能重新正視地方上優異的工藝。因此，我希望大日本市博覽會，能成為讓大家重新認識地方工藝的好機會。

其中，只有東京的定位稍微不同。大日本市博覽會在東京中城地下一樓舉辦，幾乎占去一半的空間。我與前日本國家足球員中田英壽先生、水野學先生、山田遊先生一起舉辦脫口秀。另外，還與素有植物獵人美稱的園藝師西畠清順先生一起合作，正式推出工藝與植物的新品牌「花園樹齋」。為了紀念這個品牌上線，也特別開設限定店鋪。我們發揮了中川政七商店的最大能力，猶如施放一場最美麗的煙火，而一切正如計劃一樣，獲得許多媒體介紹報導。第一屆的大日本市博覽會，就在圓滿成功之中落幕。

然而，這其中出現了意外的伏兵，就是在盛岡市舉行的岩手博覽會，來場人數與商品銷售金額，大幅超越了東京。而且，相較於東京的五天，盛岡市所舉辦的時間，其實只有三天而已。

事實上，當初我們以為岩手會陷入苦戰。由於在波佐見有丸廣、三條有忠房等大日本市的伙伴，奈良則是我們自己的地盤，這其中只有盛岡沒有任何地緣關係。雖然我們花了一年以上的時間準備，卻沒想到竟然得出如此盛況，除了唯一一位員工之外，公司裡沒有任何員工能料到有如此的好結果。

這位員工就是負責岩手大日本市博覽會，不過三十歲左右的專案負責人井上公平，他本身與盛岡之間沒有任何關連，隻身前往當地，靠著一點門路，認識當地的設計師，並取得當地銀行與商業設施的協助，再正式接觸工藝製造商。

除了與岩手縣內兩間製造商共同開發商品之外，也與新渡戶稻造[33]曾造訪的老字號餐廳「公會堂多賀」合作，使用岩手縣淨法寺的漆器，推出特別餐點，提供來場者購買享用，這一切完全符合工藝祭典的精神，實現了豐富多元化的內容。

我們還得到當地文化雜誌的協助，在市區的雜貨店、書店、麵包店與畫廊等地，舉行與博覽會相關的活動，製作了著名的工藝製造景點與觀光景點等導覽地圖，我們花了一點巧思，希望來訪者不只是參觀博覽會，也能在盛岡的街頭漫步，雖然自己說有些自賣自誇，盛岡的街頭因此增添了不少活絡的盛況，當地居民也非常認同這為期三天的活動。

就公司的計劃來看，已算是理想的博覽會了。「我自己非常想做這樣的東西！」正因為專案負責人井上擁有堅定的信念，我認為才能夠完成如此出色的內容。我再次體悟，讓一個人從事他喜歡或拿手的東西，的確能夠完全發揮實力。

這次活動中有件井上堅持表示：「只有這個絕不能讓步！」的事情，那就是在以擁有九十年歷史引以為傲的主會場岩手縣公會堂的頂上升起廣告氣球。我第一次聽到時，

33 新渡戶稻造：日本岩手縣盛岡市的國際政治家、農學家及教育家。被尊為台灣糖業之父。肖像曾印於一九八四年到二〇〇四年間流通的伍千元紙鈔上。

曾感到疑惑，因為費用既不便宜，也不確定是否能達到效果。然而，他卻堅決不肯讓步。既然我們是間如此重視「喜歡」這種情感的公司，而他話又都說到這個地步了，最後，我們把原提案中的兩個氣球減為一個，然後就決定讓廣告氣球升起。

結果，他的堅持百分之百正確，當地的人都充滿了喜悅。在詢問之後，才知道在幾年前，當地一間結束營業的老字號百貨公司，總是在屋頂揚起廣告氣球，因此，讓大家感到相當懷念。但老實說，展覽期間強風不斷，建築物本身的形狀也有問題，廣告氣球的線不時卡住或勾到東西，在空中穩定飄揚的時間並不長，不過即使如此，能夠讓廣告氣球回到盛岡的天空，實在別具意義。

在此順帶一提，一直到當天之前，井上君完全不知道盛岡的街頭與廣告氣球的過往事蹟。或許是他對博覽會所展現出的意志與熱情，招來了好運吧。

井上君在二〇一六年的政七祭典上榮獲政七大獎。之前也有提過，政七祭典一年舉辦一次，全體員工都要參加，是彷彿年終大會一樣的慣例活動。二〇〇七年，店鋪數量超過十間，員工人數也不斷增加，我開始有一種強烈感覺，大家必須齊心協力，實現共同目標。我以團隊工作為中心，經常思考現在的公司需要什麼，該如何做，期待更進一步能接近理想，也為此舉辦演講，邀請客座演講者。不過，祭典中，氣氛格外熱絡的就是政七大賞了。

政七大賞透過全體員工投票選出「今年對公司最具貢獻的人」。雖然我與高階主管們的票稍具分量，但基本上還是取決於多數，所以偶爾自己心中理想的人選，會與大家選出來的結果不同。根據每年不同的戰況，也會出現得票數勢均力敵的情況。不過，二〇一六年卻毫無疑問的，井上君以壓倒性票數取得優勢，獲選為年度最具貢獻的員工。

井上君隸屬於經營企劃室，也是我的直屬部下。原本就極具潛力，不過偶爾也會出現意外失誤，但在公司的成長潛力，屬於一、二名之流。他在岩手大日本市博覽會的表現上脫胎換骨，提出新目標，加速向前，邁向新的成長階段，這段期間的成長實在令人驚訝。

在明治、大正時代，後藤新平以擔任南滿州鐵道初代總裁，以及關東大地震後的都市計劃聞名，他曾留下名言：「下等人於死後留金錢；中等人於死後留事業；上等人於死後留人才。」正如其言，雖然令人認同，但我不禁疑惑，自己是否真的能培育人才。至今雖然看過許多人急遽成長，但我卻感覺不出與自己有直接的關連。

不論是誰，終究都必須與各式各樣的人接觸，不斷受到影響，開始自行思考，在不斷嘗試錯誤之中，才能夠成長茁壯吧。因此，就算不直接要求對方成長，只要保持密切關係，也能夠間接促進對方成長。也就是「處於對方的身邊」這件事非常重要。直到最近，我終於才從朦朧模糊之中，漸漸看見培育人才、人的成長這兩者的本質。

政七祭典開始後經過了九年，我認為我們已經晉升到「為日本工藝注入元氣！」遠景的共享階段了。不過，我還是必須說，每一位員工是否擁有各自的明確遠景與目標，在這一點上仍需努力。

若以第五章描述堆石頭的故事來比喻，我們需要建造更快、更堅固的石牆，保護領土中的所有人，除了擁有目標明確的意志，同時也希望能成為世界上最強，值得眾人信賴的堆石工匠師傅，若能確立自己的目標，每一個人成長的速度與強韌，就能超越過去只跟著團隊喊出遠景的自己。

我希望每位員工透過政七大賞的投票，能利用機會思考，自己是否成長，是否能看見屬於自己堅定的目標，成為實現公司遠景的助力。

榮獲波特獎獎項

我們獲得波特獎獎項，至今仍話題不斷。實際上，在公司裡，我們將它定位為三百周年紀念事業計劃中的一環。若能獲得二〇一五年十月發表第十五屆波特獎獎項，就能在同年十一月預定舉行的三百周年紀念記者會上錦上添花了。雖然非常失禮，但我們當時正是如此策劃。

波特獎獎項是由一橋大學國際企業戰略研究所負責營運，獎名冠上了經營策略論的泰斗——麥可．波特（Michael Porter）的名字，頒贈給運用獨特策略，提升業績的優異日本企業。過去，佳能（Canon）、日本 7-11、迅銷公司與星野渡假村等大名鼎鼎的企業也曾獲獎。就一般而言，中川政七商店把目標放在獲獎，這實在不是簡單的事情。就算想以三百周年的時機取得獎項，顯然也是一項困難的挑戰。

不過，我卻有勝算。以獨特經營策略的角度來看，中川政七商店以SPA（製造零售業）經營模式成功樹立於工藝業界，絕對有舉手報名參加的資格。為了實現「為日本工藝注入元氣！」的遠景，必須讓工藝製造商與工藝產地在經濟上完全獨立，為了找回工藝製造的自豪，我們也提供了專為工藝業界打造的諮詢服務。

我們堅持一貫策略，以直營店與大日本市伙伴為中心，作為協助製造商獨立與成長的平台，以日本市專案企劃在伴手禮品市場中受到矚目，實現策略得以改革創新。在瞭解波特獎獎項評選標準與過去得獎的原因後，我找不到我們無法獲獎的理由。據說，參加報名徵選的大企業，還為此特別成立專案小組，以經營企劃部為中心，花費不少時間製作申請資料。然而，我卻與幾名員工，在非常順利的情況下，就把資料填寫完畢。

在確定得獎後，雖然沒有太多訝異，不過我們還是高興得快跳起來。後來從評審相關人士那裡得到消息，一般而言，第一次參加的企業幾乎不可能得獎，不少企業甚至多次挑戰。因此，能趕上三百周年獲獎，心中實在充滿感謝。

加上隔年二〇一六年，我個人榮獲頒發給產業界中擁有獨創性之人物的日本創新者大獎優秀獎（日經 BP 出版社主導）。以創新者來稱呼我有些害羞，所謂創新者是指開創新的道路，挑戰一般人還沒想到的事情，或尚未開始之前就放棄的事情，我思考自己是否真的具備這種資格。

在開始企業諮詢事業時，有許多人給我忠告，挽救工藝製造商根本是天方夜譚。然而，所有創業家開始去做無人挑戰的事業時，大概都會聽到一樣的話吧。儘管如此，我認為只要朝向自己相信的正確道路前進，就算遇到不順利的事情，只要不厭其煩持續努力，最終一定會實現遠景。這樣想起來，我就感到日本創新者大獎，彷彿鼓勵著自己應當繼續挑戰更多創新改革。

榮獲波特獎與日本創新者大獎優秀獎之後令人喜悅的結果是，我們獲得經營管理類雜誌與電視台節目報導的機會大幅增加。我搭乘新幹線時，看見平常似乎與工藝品或生活雜貨無緣的商務人士，正閱讀著《週刊東洋經濟》封面特輯刊載的中川政七商店報導文章，心中湧上些許感動。東京電視台《坎普利宮殿》（カンブリア宮殿）與《全球財經衛星》（ワールドビジネスサテライト）節目報導介紹我們時，也獲得許多人的迴響。

如此一來，員工或應徵者的父母也能放心，不會有「我沒聽過中川政七商店，這間公司沒問題吧？」之類的疑慮。

前來應徵的轉換跑道求職者，也有非常顯著的變化。我們公司充滿了有趣的商業發展前景，相較過去，吸引了更多優秀的人才前來應徵，這也是公司取消上市掛牌申請的最大原因，就如前面章節的詳細描述一樣。

榮獲波特獎與日本創新者大獎優秀獎，代表肯定企業的未來發展潛力，給予優良評價。後來，我們又獲得以巴黎總部為據點的國際組織——漢諾斯協會（Les Hénokiens）的加盟許可，協會的會員皆是擁有兩百年以上歷史的老字號同盟企業，這代表協會認同我們能夠永續經營，未來也能夠持續提升業績。在日本僅有虎屋、月桂冠、法師、岡谷鋼機、赤福、YAMASA醬油、材惣木材，以及中川政七商店共八家公司加盟而已。

就像左右成對的新舊之鹿一樣，溫故知新的「故」與「新」，若缺少其中一項，恐怕就看不到中川政七商店的第四百年了。我們飲水思源，不忘記自己的養分根源，期待改變，帶著持續進化的決心，在三百年的重要時刻，再次刻下嶄新的一頁。

鄉土玩具與茶道的意外共通點

目前，我以「新」的部分致力於創造契機。事實上，在不久之前，我對「創造契機」抱持一些懷疑的看法。商業經營必須先努力累積經驗，接著才能實現下一步。我認為，施放一次美麗的煙火，只能吸引大家的短暫目光，無法留下任何東西。

前日本國家足球員中田英壽發起以 ReVALUE NIPPON PROJECT 為名的專案企劃，曾經邀請我參加活動，讓大家有機會認識與接觸日本傳統工藝與文化，雖然我非常認同這樣的理念，但同時卻又認為，只參加一次性的活動並無意義，因此婉拒了中田先生的邀約。然而，總覺得拒絕中田先生邀請的人似乎非常少，我非常在意這一點，後來有機會我們取得了連絡，我決定參加下一個年度的活動。

之所以決定參加的原因，不只是能變成好朋友，而是我在心中重新思考「契機」之後得到的結果。為了讓對工藝毫不關心的人產生連接點，我認為只靠網站宣傳，或在店鋪中等待，這些都是行不通的方法，必須思考如何運用有別於過去的不同做法。

ReVALUE NIPPON 透過拍賣會銷售作品，若以工藝金字塔來比喻，目標鎖定在上層頂端。雖然如此，要讓更多的人去接觸工藝，金字塔正中央到下方的部分，潛力還是相當大的。因此，中川政七商店就以此為目標，採取各式各樣的手段方法。

舉例來說，我們獲得世界首屈一指，以造形技術引以為傲的海洋堂協助，製作「蒐集日本全國袖珍鄉土玩具」——把鄉土玩具製作成模型，放在轉蛋裡，讓大家能享受多種樂趣。從二〇一四年開始到二〇一六年十月為止，在全國四十七個都道府縣設置完成。

鄉土玩具以可愛、地方文化與生活習慣為背景，擁有深度，伴隨著人們的日常生活。如宮城的鳴子木芥子與岩手的恰咕恰咕馬、京都的伏見人偶，加上高知的鯨車……等，雖然項目多到數不清，但每一個都有不同意義，家長希望小朋友能在歡笑中健康成長的祈願，以及闔家安康、五穀豐登等百姓們的衷心期盼，都包含在其中。然而，現在的小朋友，以及平成[34]年號出生的人，幾乎都不知道它們的存在。

鄉土玩具在工藝品界面臨存亡危機的原因是，某些鄉土玩具不一定擁有完整的歷史傳承、加上個人製造者以自己隨興的想法與風格來製作、伴手禮品的定價設定必須便宜，完全無法滿足經濟層面，影響甚鉅。伴隨著製造者高齡化的問題，更猶如雪上加霜。從這層意義來看，在日本工藝界面臨嚴峻的問題之中，鄉土玩具可說是最為顯著的項目。

然而，我們將四十七個都道府縣的玩具一字排開，拿在手上仔細觀察，就會驚訝於它們的多元性。對非專家的人而言，要一眼分辨出漆器或織物的產地，或許相當困難。不過，鄉土玩具充滿了豐富的地方特色，任誰都能看出其中的不同。將這樣的東西放在手邊，就能在每一天的生活裡，輕鬆品味美好的感動。因此，在考量這些因素後，我刻

34 平成：日本天皇明仁的年號，自一九八九年一月八日開始使用，將於二〇一九年四月三十日告一段落。

意選擇製作轉蛋模型。

在熱情購買的消費者之中，許多轉蛋的狂熱收藏家，顯然原本都是與工藝無緣的人。開賣當天早上，出現排隊人潮，對於一開始就出現大量購買的現象，我感到相當困惑，但仔細想想，認為其實這樣也不錯，以轉蛋為契機，讓接觸者對真正的鄉土玩具產生興趣，在旅行途中尋找它們，如此一來正合我意。

另外有項東西，若說它同樣也面臨消失危機，肯定會招來四面八方的批評，曾經是中川政七商店過去的主要事業──茶道用具，目前每年的市場規模不斷萎縮。除了茶道人口減少，高齡化的問題日趨嚴重，購買新的茶道用具需求降低。茶碗、茶釜、茶筅、薄茶器、帛紗，工匠師傅把技術與美，巧妙融合應用在這些茶用道具上，若要舉出例子，實在不勝枚舉。然而，若無人購買它，勢必走向凋零。很明顯的，若無法增加喜愛茶道的人口，就解決不了問題的根源。

在茶道世界中，極為接近正統主流的地方，也有一位與我擁有相同危機意識的人。他是裏千家的茶道精通者，親自主持芳心會的木村宗慎先生。「我討厭茶道這種稱呼。」木村先生曾毫無顧忌地公開這句話，然而，他卻不遺餘力推廣茶道的文化與樂趣。如此直率的木村先生與中川政七商店聯手合作，目前正在思考各種方法，嘗試是否能讓茶道從封閉走向開放化。

在享用茶湯的空間裡，人們使用茶道用具，總是別出心裁款待客人，享受喝茶的樂趣，這一切原本應該都是茶道的精髓，但是現在，大眾踏入茶道世界後，卻沒有辦法體會原來應有的樂趣，由於必須死記的規則與常規慣例實在太多，進入茶道教室後，從走

與海洋堂攜手合作的轉蛋「蒐集日本全國袖珍鄉土玩具」

路的方式到手肘、手腕角度位置，都必須透過指導來矯正，所以大多數人在這個階段就退出了，實在令人感到可惜。

我本身在開始新的專案計劃時，也會在專案啟動會議上舉行茶會，在大家輪流喝一碗濃茶的過程中，能感到團隊瞬間成為一體。而稍微疲倦時，自己簡單泡杯淡茶，心靈也能夠得到舒緩。我想打造這樣的環境，享受飲茶的原始樂趣，不需要繞一大圈，任誰都能率性樂在其中，這正是茶道「開放化」的主要目標。

由於茶道界重視傳統與規矩，我已做好了心理準備，接受某種程度的反彈。無論是木村先生或我都確信，被規矩束縛的茶道裡，缺乏了原來應有的樂趣，若不把這些東西找回來，茶道就不會有未來。在工藝大眾化的同時，茶道也必須大眾化才行，我打算與木村先生一起向前邁進。

奈良故鄉情

透過創造契機，以工藝與茶道的大眾化開創「新」機；另一方面，關於中川政七商店的根源——「舊」，我認為必須再次去重新審視才行。根源——奈良晒，別無其它。

進入昭和[35]年號之後，面臨了工匠師傅不足與人事成本高漲的難題，第十一代傳人中川巖吉在緊要關頭時，被迫面臨選擇：在國內改為機械化生產，或將生產據點遷往海外。最後，他決定將生產據點陸續移至韓國、中國，同時堅持以手編、手織的方法來生產製作奈良晒，持續守住傳統技法。多虧這項決定，中川政七商店至今才能繼續以手編、手織的麻料商品經營生意。我必須感謝有先見之明，積極進取的先人們。

另外，我心中還有一個醞釀已久的願望，希望能夠讓苧麻在奈良生產，再次重振貨真價實的奈良晒。既然我們都已開始協助，守住日本全國各地即將消逝的工藝燈火，那又怎能忽略自己的原點。然而，這次不像保存事業或單次的企劃活動一樣，一旦將奈良晒當作事業來經營，門檻一定會相當高。

奈良晒的生產流程，必須從製成材料的苧麻種植栽培開始，經由刮麻來取其纖維，

35　昭和：日本昭和天皇在位時所使用的年號，使用時間為一九二六年十二月二十五日至一九八九年一月七日。

再捻揉製成麻線。經過調整麻線的長度、數量、張力的整經步驟後，再掛在織機上手織製成麻布，之後再加入灰汁，進行數次曝曬作業。以現在的時空背景來看，如果完全按照這種作法來製作，甚至還得在奈良栽種苧麻，恐怕價格會昂貴得驚人，無法運用在一般商品的製造上。

奈良晒原本就不是能夠量產的東西，市場規模並不需要那麼大。若能將奈良晒以接單訂製的方式，使用在藝術領域、超級品牌，以及於高級飯店的裝飾、收藏在神社佛寺，預估將會有一定的需求量。如此一來，它就不屬於保存事業，而能以商業經營模式，生產真正的奈良晒，讓一切不再是夢想。此時，若是第十一代的巖吉先生，或是更早之前的傳人，會如何解決這個問題呢？思考這些問題，真是我的快樂時光。或許，這也是身為經營三百年老店的經營者特權之一吧！

儘管還在計劃階段，我已經想好在奈良打造苧麻田的點子，將來或許會陸續出現許多必須克服的障礙，儘管如此，能夠再次重振貨真價實的奈良晒，不在別處，而是在故鄉，這也是這片土地誕生、成長的中川政七商店最期盼的心願。

我如此描述，可能會被誤以為對故鄉抱著強烈的愛，但其實直到幾年之前，我對奈良一直都沒有特殊情感，說不上喜歡，卻也不討厭，與對東京或大阪的想法沒有什麼不同，感覺大致如此。因此，當奈良地區的報紙或雜誌前來採訪，提問「想請教您對奈良的想法」時，我總是詞窮。畢竟我們打算在全國各地，完全負起日本工藝的成敗，所以並不想特別看待自己的故鄉。

然而，隨著公司漸漸壯大，周圍將我們視為奈良代表企業的機會也不斷增加，雖然只是漸進式，實際上我們愈來愈有這方面的自覺，所以對重振奈良晒的念頭也是如此，當我們成為足球界奈良俱樂部的贊助商，從制服上的設計，到協助品牌打造的所有工作，都代表了我們對奈良的重視。

在舉辦大日本市博覽會時，從JR奈良站與近畿日本鐵道奈良站到奈良公園會場的途中，掛滿了許多飄揚的旗幟，讓縣外來訪的人感到相當喜悅，表示「彷彿整個街道都在歡迎我們一樣」。我再次深刻體悟，奈良對我們而言，果然是無可取代的家。

既然打出了「為日本工藝注入元氣！」的口號，自然就不能忽略自己的故鄉奈良。就像丸廣為波佐見、忠房為三條帶來活絡一樣，奈良的活絡需要我們的雙手，此刻我認為必須讓它成為更活躍、更有魅力的街道才行。

最重要的是，我們如果不這麼做，年輕有才華的人，根本不會聚集於奈良。依數據資料顯示，奈良縣的家庭平均所得非常高，考進東京大學、京都大學的合格率，經常是全國一、二名之列，教育水準值得誇耀，不過，另一方面，跑去縣外的就職率與縣外消費率卻也是名列前茅，以就業與渡假休閒的層面來看，實在缺乏吸引人的魅力。

或許出於這個原因，有一些中川政七商店的員工，一開始雖表明來到奈良能親近大自然，人們的步調也非常悠閒自在，感覺非常良好，然而，工作到了第三年左右，卻開始厭煩，皆異口同聲表示想離開奈良。

無論紐約或矽谷，這些城市吸引世界各地有才華的人前往定居，街道上充滿了各種魅力。把奈良說得好聽一點，可謂所到之處都令人心平氣和；說得難聽，則是枯燥乏味。若能保留奈良既有的特色，一點一滴轉變為讓人想定居、工作與觀光的街道，絕對是件值得開心的事情。為了這個目標，中川政七商店一定還有許多能做的挑戰工作。

三百周年絕對是思考中川政七商店未來方向與終點的大好良機。然而，除了取消股票上市的申請外，也因為為了三百周年紀念事業而勞神費力，我們即將迎來另一個波折……。

二〇一六年十一月於奈良公園
舉行的大日本市・奈良博覽會

第十三代中川政七的襲名儀式
左右分別為見證人水野學先生與片山正通先生
（二〇一六年十一月於奈良春日野國際論壇）

第七章 為日本工藝注入元氣！

當前最大的危機

我是那種不太相信好事多磨類型的人，不過最近，我開始懷疑這一點。我們以日本市的新經營型態開出好成績。二〇一四年一月，獲邀參加東京電視台《坎普利宮殿》節目受訪；二〇一五年，配合迎接三百周年的時機，我們以獲得波特獎為目標，最後也順利獲獎；二〇一六年一月，完成竣工確認，我們開始著手表參道的第一間街邊店，以及準備東京事務所的大樓建設工作。

在此稍微離題一下，我總覺得電視的影響力非常驚人。在非常久以前，關西地方電視台的一個受歡迎節目，以特輯介紹了麻製室內拖鞋，結果長達半年期間，我們一直無法解決室內拖鞋的異常缺貨問題。另外，TBS 系列電視台的生活資訊節目《一起認識吧》（知っとこ！），介紹了我們的招牌商品「花布巾」，之後也出現了令人不可置信的搶購熱潮。

《坎普利宮殿》這個節目的收視族群鎖定商務人士，相較於商品報導，反而更聚焦在中川政七商店的事業經營，因此，許多企業諮詢委託紛紛到來，但幾乎都是與工藝無關的業種，從美語會話教室到中藥藥局，各式各樣的企業都來洽詢，我再次驚嘆電視影響力的強大，除了在前一章提到的函館機場除外，我婉拒了所有其他企業的委託。

那麼回到正題，公司順利拓展業績，我們確實開始下一步的布局，無論我或周圍的人都如此認為——中川政七商店今後就此順利成長。然而，在這樣的樂觀預期中，卻發生陰溝裡翻船的意外。

在二〇一四年度（二〇一四年三月至二〇一五年二月）的年度決算中，既有店鋪的營收與前一個年度比較，首次轉為負成長，出現了最壞的結果。雖然如此，當時比較前一年的占比為百分之九十九點七，只有些微差距，但就整體而言，由於新開設店鋪的成績斐然，總業績反而創下史上最佳營收記錄。

不過，這樣的情況還是相當不利，我們無法忽視既有店鋪業績衰退，任何一點異常，都不該掉以輕心，絕對不能原地踏步。公司全體若不越過困境，就無法繼續往前邁進。我也不斷強調，這一、兩年是勝負的關鍵。

只不過，不管在三年前還是五年前，我總是把一樣的話掛在嘴邊，可能到了明年或後年，感覺自己還是會說出：「現在正面臨最大的危機。」我認為無論順利與否，只要做好該做的事情，就能產生成果，一切不驕不躁，經常自我分析，未來這一年，必須先取決於今日這一天，時時刻刻保持挑戰的心態。相反地，若失去了這種危機意識，就難以實現「為日本工藝注入元氣！」的遠景吧！

累積實力享受工作樂趣

業績不振的其中一項原因是「力量累積」的不足。例如，我們主力的中川政七商店以「生活道具」為品牌概念，陳列在店鋪的招牌商品占比非常高，與充滿季節性與時尚性的遊中川不同，所以難以維持賣場陳列的變化。

正因如此，趁著品牌還有新鮮感的時候，我們導入了PDCA循環（計劃、執行、評價、改善），藉此提升應具備的經驗能力。然而，在品牌開幕後，過了三年，應累積的實力卻依然不足，導致第四年陷入苦戰。

當時，我雖然四處奔波，忙於企業諮詢工作，但是怎能因此疏於主戰場，不顧自己的公司。過去，我雖然將大致上的工作，交給品牌經理負責，但我還是再次回到現場，參與管理工作。

首先，我著手去做的是，改變店面與顧客溝通的做法。雖然我們直到那時為止都維持每兩週一次更換限量商品陳列的做法，但顧客卻完全無法感受到這樣的改變。如果是經常來光顧的人，可能也會覺得排面沒有多少改變，與任何時刻來都差不多吧！

於是我們改採企劃展的方式，從天花板向下垂吊印有宣傳標語的旗幟。我迅速將品牌的主要員工集合，舉行第一次的企劃會議。然而，沒有任何人提出想法建議，或許有許多員工都是初次接觸，所以相對發言也少。此時，我告訴大家學習「典型」的重要性。

在會議場合中，若只是漫無邊際思考，不會想出任何點子，因此，平時經常視察與巡視各種類型的店舖就格外重要。帶著目標意識去看書、電影與藝術，也具有提升基本素養的效果。另外，單純靈光一閃的創意，雖然有機會在市場實現與產生效果，但更進一步發展成企劃時，必須先具備一定的「典型」。

「守破離」是從禪宗世界所誕生出的概念。松岡正剛先生曾解釋：「最初應遵守和吸收典型，接著突破並走出典型，最後離開進而創造新典型。」既然以成為專業人士為目標，首先，必須老老實實地模仿參考範本來學習，吸收並掌握「典型」。若沒有基礎，那就只是「無型」，永遠無法到達「突破典型」的境界。

那麼，我們的工作該如何學習掌握「典型」呢？以企劃展的主題為例，雜誌上的特輯，就成為了最佳參考，包括咖啡、旅行、早餐、電影、甜點……等，在每年的相同時期，都會推出相同特輯，從主題的選擇到內文的遣詞用字，實際上都需要精雕細琢，稱之為專業工作一點也不為過。我們只要將與公司旗下品牌，目標重疊的舊雜誌一字排開，就能發現其中的企劃模式。

在學習這些之後，下次就可以預先思考新的主題，接著再策劃商品，以這樣的方式，就能產生一套流程做法。例如，想銷售在正月過年使用的漆器碗筷，可選擇刻意避開主題，試著以「好喜歡年糕」的內容來切入，撰寫文宣也不以器皿為主，而把焦點放在器皿內的食物。實際上，中川政七商店因此開發了「日本全國年糕大比較」的商品，使用了五種不同品種的糯米來製造。

商品策略也同樣，思考下一季該主打什麼商品時，若每次都從零開始，實在太缺乏效率。應制定流程做法，將平時想到的創意或漏掉的商品項目，預先儲備起來（我們公司將它比喻為儲放在「米糠醃漬容器」裡），我們與商品企劃隨時關注，找出最適合的方式來商品化。

不管打造店鋪或工藝製造也好，靈光一閃才去做的人是業餘人士，專業人士則會運用所有的典型，在最短的時間內，完成高密度的工作，這正是所謂的創意管理學問。然而，我們把這些道理，告訴管理階層與一般員工，讓他們親自動手去做，卻無法立刻發揮出力量。

雖然山本五十六有句名言：「做給他看，說給他聽，讓他挑戰，若不給予讚美，人不會自動自發。」不過，過度的稱讚或感謝，反而會造成害羞尷尬，我不喜歡使用強烈措詞，點燃員工之間相互競爭的做法，所以我並不是屬於那種傳奇類型的領導者吧！

然而，我對任何人都一樣，特別在員工的面前，總是徹底實踐誠實這一點。不自我膨脹，清楚表明自己的能力極限，所以員工應該都會相信，我說的話並不是吹噓。建立在這樣的信任基礎之上，為了讓大家學習吸收專業人士的能力，我身為領導者，有循循善誘的責任。

最近，我聽到一段頗為在意的談話，當時我在咖啡館等人，旁邊座位傳來「最近，我工作得好不快樂呢」與「啊！我也是」這樣的對話。我不經意望去，這兩位都是二十歲後半的年輕人，看著他們把玩平板電腦的樣子，就像常在東京街頭出現，頂著英文職稱頭銜上班族的景象。

我不禁把他們與我們公司的員工重疊在一起，雖然很想繼續聽他們的對話，但約好的人卻突然出現店裡，所以無法得知他們這些話背後的真正涵義，但我能確定一件事情，沒有基礎能力，肯定無法樂在工作。

或許以足球來比喻會更清楚。如果業餘足球隊突然加入日本甲組職業足球聯賽，一定無法樂在其中。並非比賽方式或足球世界觀不同，而是實力懸殊的問題。例如，停球，再朝向目標踢球，在一定的時間內衝刺，這些基本動作，若無法達到專業等級，就算與頂尖球員交手，也無法享受競賽的樂趣。

工作也與足球相同，在達到專業等級之前，多半非常艱辛。雖然未來的嚴峻挑戰不計其數，但是，選擇這種充滿挑戰的樂趣，還是選擇為眼前現實忙碌，我認為只有一紙之隔。

該如何做，才能讓中川政七商店變得更好，實現遠景呢？身為經營者，這是我的工作，徹底思考，運用公司的策略故事朝向成功。而策略故事最能打動人心的對象別無他人，必須是我自己，最後將這分「雀躍感動」傳遞到員工與企業伙伴的心裡，如此才能讓團隊成為一體。

世界上，並沒有所謂快樂或不快樂的工作，應該是人能否樂在工作。我期盼中川政七商店，能成為一間員工樂在工作的公司。

發起工藝產業革命

正因為當前危機，我們必須制定出可以打動團隊伙伴們、以及最重要的是也能打動我自己的策略。於是，我們在一開始，規劃了最重要的「SANCHI 構想」（さんち構想）。我們以日文的平假名來標示有特別原因。

「SANCHI」有四個涵義[36]，第一是「產地」：為了讓外地來訪者認識產地製造的工藝品，特別開拓的一種新型態產地；第二是「三智」：協助者將製造者與使用者連結起

36 這四個涵義的日文發音全部皆為「SAN-CHI」。

來，代表三者的智慧與心願；第三是「三地」：藉由購買、飲食、住宿這三種方法，享受土地的樂趣；最後是「〇〇先生小姐的家」（〇〇さんち）：讓人感覺就像造訪親朋好友的家裡一樣，充滿獨特的個性。

SANCHI 構想以產業革命與產業觀光為兩大主軸。或許有人會認為，提出產業革命實在是一項過於龐大的計劃，但不論我或中川政七商店的員工們，都是帶著決心發起革命。在仔細說明 SANCHI 構想之前，我先整理一遍中川政七商店一路以來的努力成果，以及我們能力的極限。

在日本泡沫經濟時期之後，工藝就走向衰退之途。但後來露出新曙光，工藝大眾化得以實現，我們擁有相當大的功績，我引以為豪。在日本各地，中川政七商店、遊中川、日本市，總計拓展了四十六間店鋪，只要去這些地方，就能接觸各式各樣的工藝品，也能夠隨意選購，正因我們打造這些環境，才能讓工藝品一點一滴滲透到許多人的日常生活之中。

透過企業諮詢，工藝製造商找回了經濟的獨立自主與工藝製造的尊嚴。許多面臨存亡危機的製造商完全復活，帶給世界充滿魅力的商品，獲得了新的工藝愛好者。就我個

中川政七商店事業概要

遠景　為日本工藝注入元氣！

任務　① 讓中川政七商店成為日本產地最閃耀的一顆星（打造品牌）
② 打造更多產地閃耀一顆星（經營企業諮詢）
③ 以最閃耀的一顆星為起點，走向「產地」化（產業革命＋產業觀光）

終點　一百年後實現「工藝大國日本」目標

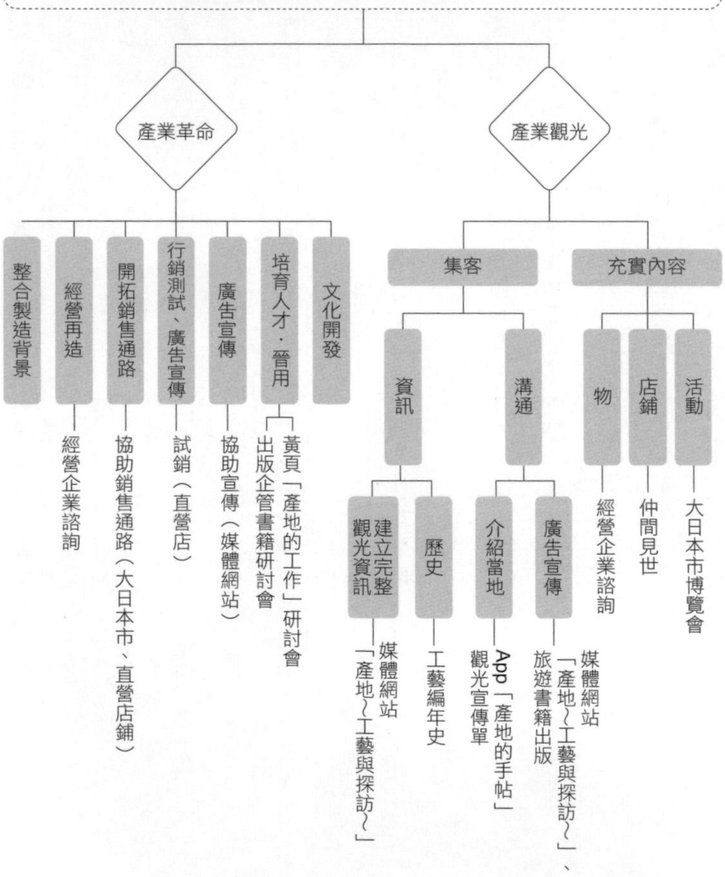

人而言，像這樣寫書與四處演講，只要遇到機會，也都會宣傳復興工藝的理念。

然而非常遺憾，我無法斷言，透過這些努力，工藝產業面臨的處境，已徹底獲得改善。在我做這些事情的同時，有一些苦無繼承人的製造商已歇業，工藝製造的技術就此中斷，一盞產地的燈火就此熄滅。只憑我們的力量，幾乎追不上工藝衰退的速度，到目前為止，我們的努力已到達極限。

以長崎縣波佐見的例子來說，丸廣確實活躍與成長，但我們卻無法肯定，工藝產地波佐見的衰退就此打住。這地區形同一座工廠，波佐見燒在工藝製造上，擁有獨特的專業分工體制，雖然是一種特色，但支撐產地的開模廠、製坯廠、窯廠等陸續消失，如果棄之不顧，無論丸廣這一間公司如何活躍，波佐見燒的歷史，也會在不久的將來消失殆盡吧！

到目前為止，我認為，只要產地最閃耀的第一顆星出現後，自然第二顆、第三顆就會陸續跟進，帶動產地整體的活躍，所以我才會傾注全力，打造產地最閃耀的一顆星。不過，隨著時間證明，只靠這樣做是不夠的，以最閃耀的一顆星作為起點，其影響力無法擴大到整體區域，難以避免產地走向衰退。

因此，我建議丸廣應積極與開模廠和製坯廠聯手合作。然而，只靠一間公司推動非常困難，必須考慮與其他的窯廠及中盤批發商進行整合或合作。也就是說，需要脫離幾百年來一直持續的家族體制手工業，藉由資本密集去整合製造環境，這就是我所構思的工藝產業革命。

就像在西元十八世紀後半所開始的工業革命，改變了產業結構，在二十一世紀的現在，除了改革工藝產地的產業結構以外，別無其他生存之道。波佐見僅為其中一例，在日本全國各地的工藝產地，仍需進行產業革命。

貼近活的工藝「產業觀光」

產地構想的另外一項主軸是產業觀光。日本產業革命的原點——富岡製絲廠已登錄為世界文化遺產，雖然一年能夠吸引超過上百萬的觀光客前來，不過到內部見習的人，卻只占了一小部分。它擁有氣派的格局與和洋折衷的獨特建築風格，我們光是見到外觀，就應該能認同它極具鑑賞的價值。然而，若能參觀充滿活力的工作情況，想必會比只參觀產業遺址更令人感動。

能踏進一般不對外開放的製造現場，近距離看到各種工藝品的誕生過程，包括工匠師傅屏氣凝神專注的氣息，並以熟練的手法，操作機器與各種工具，發出各種聲響……處於非日常的空間裡，體驗感受工匠的技術與氣魄，這樣的工廠與工坊，非常受到大家歡迎。因此，在偏鄉地區深耕的工藝製造現場，能成為完全不遜於自然景觀與文化遺產的觀光資源。

對參訪的人而言，比起去逛所謂的觀光名勝，更能夠獲得不同樂趣。不僅可以與工匠師傅對話，也能親自體驗，甚至購買工藝品當作伴手禮。說得稍微誇大些，滿足求知慾望的觀光型態，能夠享受一般旅遊模式中沒有的樂趣。

我們著手規劃，讓大家認識工藝的魅力，留下深刻的印象，這些收穫是書本上或網路無法比擬的。我們的店鋪工作人員，為了讓客人充分瞭解商品優點，每天努力不懈，在展示陳列上下功夫，運用巧思寫廣告POP，只要有任何機會，就會向顧客仔細說明介紹。儘管如此，百聞不如一見，再怎麼做都比不上自己親眼所見。

為何這些東西能具備恰到好處的性能美學，為何愈使用它，就愈能融入我們的生活中，高價的原因又在哪裡，一切與工藝相關的秘密，幾乎都能在製造現場中找到答案。為了增加更多工藝愛好者，在生活中自然而然去使用它，我認為讓大家參觀製造現場，就是最有效的方法。

只不過，只靠工藝吸引參觀者，人數將有所局限，必須另外加強飲食與住宿才行。我本身相當重視住宿，既然難得來一趟工藝之旅，一定希望享受當地獨特的食材與料理。擁有美味的料理與舒適的住宿環境，不走馬看花草率結束旅程，而以悠閒自在的停留方式，不只享受工藝，還能充分感受產地的魅力。當然，這些項目並不需要製造商負擔費用，應透過大家的結盟合作來規劃。

擁有地方特色美食與優質的住宿環境，近距離感受工藝的製造現場，以此作為產地的重要核心。在偏鄉地區建立一個核心之後，距離稍遠一些的製造現場就能站穩腳步，吸引大家前往參觀見習。藉由文化設施與名勝景點，點對點之間的移動，進而以線或面，探索土地的樂趣，進化成理想的旅行方式，為地方帶來活潑朝氣，這就是我所構思新型態的產業觀光。

在腦海中一直以來，模糊成形的產業觀光點子，之所以能夠清楚整理為上述方法，是由於上一章，在介紹三百周年紀念工藝編年史的製作過程中，所得到的一部分靈感。我們將工藝的歷史，以商業經營模式的觀點，分為八個部分，以屏風畫的方式呈現。

從我們自給自足的原始時代開始，由於每個人的使用需求而製造，開啟了工藝的商業經營模式，經由像千利休這樣的工藝監製人，以及擔任銷售通路的批發店鋪登場。直到十九世紀，轉變為國家主導的振興產業發展模式。二十世紀，百貨公司的經營模式，在全國成為了銷售流通網路。二十一世紀，我們掌握到這是個設計者模式的時代，從設計製造到銷售通路的整合，由設計者與工匠師傅一起思考，共同創造出理想的工藝品。

那麼不久後的二十二世紀，工藝模式又會如何演變呢？我們正面臨一項大難題。

我委託松岡正剛先生監修工藝編年史，在第一次的會議中，他告訴我：「歷史是為了開創未來而存在的。」我非常在意這句話，正如我們看著後照鏡，反映著過去歷史，同時向前邁進。無論反映出什麼，我們順應當下的情況去選擇就好，只要具備獨特性與多元化，不管未來發生什麼事情，都能繼續走下去。若要製作工藝編年史，這些事情就必須做好，松岡先生如此告訴我們。

工藝編年史

我將這些話銘記在心，從原始時代的自給自足模式開始仔細追尋，發現製造者與使用者的距離變得愈來愈遙遠。

由於擔負銷售通路的批發店鋪登場，日本各地誕生了許多產地，工藝品開始普及到許多人的生活裡。但是近代之後，職能分化走向極端，產生了一種情況——雖然大家在生活中使用工藝品，卻無法感受工藝品與生活密不可分。之後，工藝品就被歸類為工業製造品，與這樣的因素也有相當大的關係吧。

進入了以工藝品為經營事業的時代後，雖然參與的人不斷增加，但我總是認為，現在工藝界面臨各式各樣的問題，

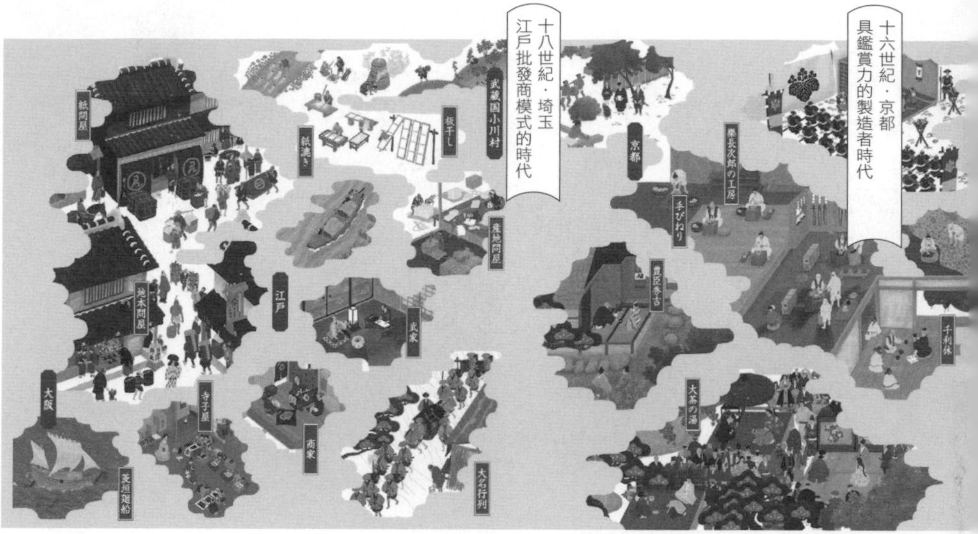

根源就是來自於此。製造者沒有任何機會，瞭解自己嘔心瀝血的作品，如何帶給人們豐富的生活；使用者也不曾看過工藝品的誕生過程，難以瞭解它的價值。因此，工藝編年史告訴大家，製造者與使用者必須再一次接近彼此。

　話雖如此，現在已經無法再回到自給自足的模式了。製造者與使用者依然各在一方，為了近一步加深彼此的瞭解與興趣，將兩者連接起來的角色非常重要。因此，我們中川政七商店就扮起了「協助者」的角色，準備實現產業觀光的模式。

　在工藝編年史的最後，也就是第八枚的屏風，我們決定畫上二十二世紀產

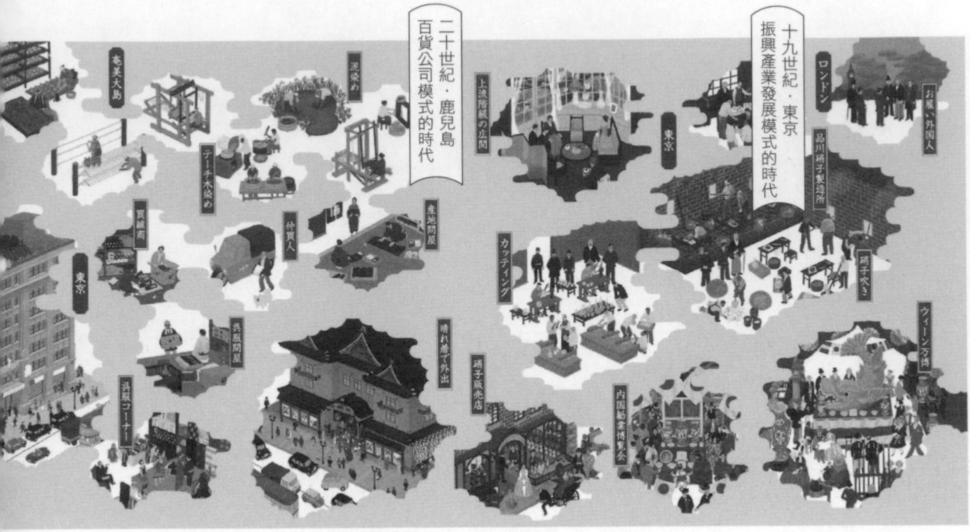

業觀光模式，選擇的舞台是中川政七商店的創業地區。

以春日大社、東大寺、興福寺等世界遺產為畫中背景，加上奈良晒原料的苧麻田，以麻線進行編織的工匠師傅，以及透過日曬、河水表現出細微的奈良晒製作過程，還能看見在工坊體驗手編的人、工廠附設店鋪裡享受購物的人、顧客在餐廳大快朵頤，享用著當地名產大和蔬菜的情形。飯店的距離位置恰到好處，被火紅的楓葉樹木圍繞著，讓人渡過悠然自得的時光。

窺探著工坊與店鋪的這些人裡，不只有旅行的人，一定也包括了當地人。能看到平時難得一見的工藝製造工作現場，感受故鄉

的工藝品近在身旁，肯定為此充滿驕傲。如果發現喜歡的東西也能購買，帶回自己的日常生活中吧！

這就是我們追求的目標，開拓工藝的理想樣貌之一。此刻，將我們心中未來的產地理想模樣，描繪成一張藍圖，我打算透過它，表明未來計劃的決心與願望。

透過環境整合的產業革命，以及拉近製造者與使用者距離的產業觀光，我們以這二項計劃產生相互作用，打造新的「產地」。工藝編年史映照出工藝的未來，就是中川政七商店今後一百年向前邁進的道路。

「工藝編年史」以商業經營模式的角度回顧工藝的歷史
黃金屏風一共由八面所構成，每面實際尺寸為長寬九十公分的正方形

集結眾志成城的製造商

實現產地構想，需要各地區的閃耀一顆星一起來承擔。在長崎縣波佐見町有丸廣；三重縣菰野町有萬古燒的山口陶瓷器；在奈良有我們，大家竭盡全力打造充滿魅力的產地。

只不過，只靠一間單打獨鬥的公司，能力實在有限，要成為最閃耀的一顆星，實在非常辛苦，即使為了地方著想努力，卻容易被當成好強者而遭受攻擊，有不少公司捲入無謂的是非牽扯。既然如此，還不如自己好就好——惡魔悄悄靠近喋囁，正是在這個時刻。

然而，我還是得重申一遍，只靠一間公司，產地無法永存，這也意味著，最閃耀一顆星的光輝無法持久，所以不應該思考「還不如自己好」的選項。那麼，到底要以什麼穩健策略，才能讓立下志向的產地最閃耀一顆星，心志不受動搖，保持強大的力量，持續前進呢？我思考了以下的重要兩點。

其中一點是，最閃耀一顆星的工藝製造商需要共享智慧，彼此切磋琢磨，建立提升意識層面的完整架構，因此，我們決定成立一個協會組織。

在歐洲中世紀，由商人與手工業者設立同業公會，藉此提升技術，期許共存共榮，這樣的做法，等同現代的保險一樣，具有相互扶持的主要功能。不過，現今日本工藝業界迫切需要的是，日本工藝接下來的一百年，甚至再過一百年，都還能夠閃耀存在著，伙伴們必須抱持這種理念與決心，這個組織才能共享智慧與資訊，擁有更多機會。

我排除毫無意義的競爭或牽制，只想帶給日本工藝更多活力，尋找同心協力的可能性，於是洽詢了一些工藝製造商，找到了極具潛能的鑄造品製造商——能作公司與南部鐵器的及源鑄造公司，他們非常認同我們的理念，因此在一起努力下，最後成立了「日本工藝產地協會」。

當下的任務，就是一年舉行二次研討會，讓更多人有機會瞭解，在各自的工藝產地，能透過何種可行方法邁向未來。我們也思考著，不僅限於工藝製造商，也應擴大層面，向政府行政機關、地方再造的專家、媒體等公開資訊，成為一個具多角度思考的場所，讓理想的工藝產地在今後得以實現。

這個研討會有許多不同企業的成員參加，大家將平時意識到的問題，是否順利運作的事情，在不作紀錄的前提下，表達心中最直接的想法，一同分享學習。如果工藝製造商長期習慣，以為自己的公司是地方上最閃耀一顆星，容易陷入跑在最前線的錯覺。的確，雖然在各地區大家都是佼佼者，然而，如果抬起頭，放眼望世界，就會知道人外有人，天外有天。

我們也透過了其他公司的實際案例去學習，即使不願也應正視，察覺自己的不足之處，化為成長的養分。不應像一些業界團體的成員，發現自己與大家製造水準一樣不高，反倒因此放心，或只顧自己公司的業績，我們應經常思考，自己如何為地方與整體日本工藝產業做出貢獻，往更高的目標前進。我們設定能夠參加協會的會員，僅限於擁有堅定意志的製造商，透過協會的活動，我認為，一定能夠建立更好的產地模範典型。

除此之外，業界團體也應該積極向行政機關機發揮自己的功能。工藝產業擁有工藝製造的背景，能為國家的經濟與觀光政策帶來貢獻，然而，到目前為止，工藝製造商與銷售工藝品的事業經營者仍無法整合運作，雖然我不斷表示，不該依賴補助金，應勇於表達建言，落實在政策上，這一點與只依靠行政部門不同。實現「工藝大國日本」，必須凝聚所有會員們的力量。

選擇不去扭曲道理

在各工藝產地中，背後推動著最閃耀一顆星的方式，就是建構平台。每一間工藝製造商的競爭水準都相當高，我為了找出屬於自己公司獨特的價值，提供彼此協助，成為共享的財產，於是產生建立分享平台的想法。

舉例來說，如果製造商各自成立網站，只提供自己的資訊，那麼集客效果將變得有限，既然如此，我們何不整合製作成一個強而有力的網站，以它作為起點，提供每一間製造商資訊，如此一來，影響力將更加廣泛，而且相較於只製作一間公司的網站，費用上也能節省許多。

在二〇一六年秋天，我們將網站「產地」（https://sunchi.jp/）架設完成，所有資訊、電子商務，以及徵才平台，都由中川政七商店負責整合、規劃與營運。以資訊平台的方式，提供全國各地工藝的魅力，包括當地的飲食與住宿資訊在內，充分展現出探訪的樂趣，並邀請大家一同前往。

網路上雖然有各種關於工藝與旅行的網站，但幾乎沒有任何一個網站，能將日本全

產地網站

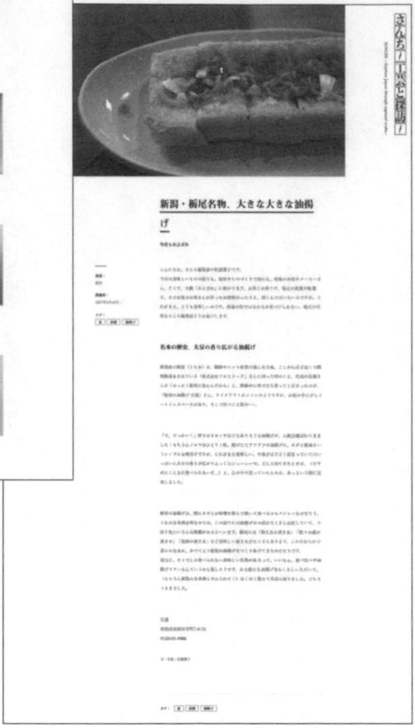

「產地～工藝與探訪～」網站
提供日本全國充滿魅力的工藝與產地資訊

國各地的這兩個項目結合為一。因此，只要瀏覽產地網站，就能看到網羅工藝相關的活動與優惠資訊、新商品新聞，如果引起瀏覽者對工藝產地的興趣，就能更進一步規劃旅行。百聞不如一見，產地網站就成為一個入口，吸引大家前往產地，充分感受產地的魅力，因此，我認為必須好好經營網站。

為此，我們實施具體策略，與地方自治團體合作。雖然地方單位對觀光資訊的宣傳，投入相當多預算，辛苦製作了文宣物與網站，但非常遺憾的，並無法有效發揮功能。然而，透過我們的「產地」網站，連結地方的觀光資訊，不論對旅行者或當地的事業經營者而言，都帶來了令人滿意的效果。

相反的，我們決定只有一件事情絕對不去做，那就是絕不讓網站依賴網路廣告。雖然稱之為商用網站，但我們不靠它作為收入來源，除了少數網站以外，大概只剩電子商務網站與我們一樣吧。電子商務網站透過網路開店者與消費者獲得直接利潤，也有透過付費項目來建立收費模式，還有像瑞可利公司（Recruit）這種代表性的仲介方式，但不論哪一種，都必須克服高門檻才能提升收益。因此，幾乎所有的商業網站，為了提高網站頁面瀏覽次數（Page View、PV），幾乎無所不用其極，PV 數愈高，愈能獲得更多的廣告費用。

從這一點來看，非電子商務網站的「產地」網站，不刊登廣告自有理由。原因在於，如果將賺取點閱率或網站的表達方式視為「正確」，在必須這麼做的情況下，我們可能無法以最理想的思考方式，告訴大家我們想表達的理念。

我有一位擅長開發網站的朋友給我忠告：「『產地』網站的每一篇文章的內容都太長了。」我很感謝的仔細聆聽，但隨後就不作處理了。即使文章內容較長，看到一半就中途離開的人陸續增加，我們還是想用自己的語言，確實傳達我們該說的事情，我們不以賺取點閱率為目的，隨便打上標題，吸引大家的目光，這是我身為「產地」網站總編輯的方針。

話雖如此，要把事情做好，實在非常辛苦。我們幾乎每天更新一篇有關全國工藝與產地的文章，不論採訪或文章撰寫，基本上全部都是由擔任編輯的員工來負責。雖然介紹了許多與工藝相關的活動與新聞，但由於網站才剛成立，沒有什麼知名度，光是等待採訪，有時也會無法即時更新文章。

完成系統建構，除了需要相當的預算，網站營運費用也不斷累積，雖然地方自治單位認同「產地」的理念，認為對振興觀光有所幫助，因此增加不少委託計劃，但到目前為止，只靠單一網站維持收益實在困難。

不過，如果知名度與資訊量累積，超過一定臨界值後，情勢必能大幅扭轉，我確信，結合工藝與旅行，以獨一無二的網站運作方式，一定能夠開創佳績。因此，無論周圍的人說什麼，或為了網站內容忙得焦頭爛額，我絕對不會放棄「產地」網站。此時我認為，當初公司沒有上市真是件好事。

在實際經營公司時，常常發生「理論上是這樣沒錯，但實際上卻行不通」的事情。一般的經營者，或許會為了配合當下發生的狀況，選擇違背理論，但我並不想這麼做。如果理論上應當如此，我們就應該徹底落實，只要持續做好，我認為一定能開創一條道路。

「產地」網站的目的，就是希望大家能親自走一趟，認識工藝與產地的魅力，我們只做對它有益的事情，不做其他無關事項。只要我們保持沈著，不屈不撓，相信打破僵局的那一天必定不遠。

讓產地一顆星閃耀的三個平台

為了讓更多人造訪「產地」網站，我們開發了幫上大忙的手機應用程式「產地的手帖」，成為產地與喜愛工藝的顧客之間的溝通橋樑，在各種情境下，讓大家對產地留下深刻的印象。

例如，在各地區合作的店鋪中，只要出示應用程式的畫面，就能有一些「好康」優惠。例如，在咖啡館得到搭配飲料的一口小點心，或在伴手禮品店得到小贈品，這些在旅行時獲得的小小優惠，似乎非常受到大家歡迎，任誰都一定會產生愉悅的心情。

這項企劃方案，讓大家拜訪工藝製造者、製造商或參加活動，彷彿就像收集寺廟神社的御朱印帳一樣，讓工作人員蓋上電子印章，獲得好康優惠。雖然應用程式透過智慧型手機，取得定位資訊，但它沒有參觀店鋪與設施記錄的打卡功能，而改以收集御朱印帳的方式，取代參訪記錄，這是我們的精心設計。之後，每一位使用者，都能透過自己專屬的「產地的手帖」，一邊查看御朱印帳，一邊回憶每一個參訪的過程，若能實現這點，我認為就完全成功了，將來也能當作客戶關係管理的工具，運用在其他計劃上。

另外，專屬的電子商務網站，也於二〇一七年三月架設完成，網站的名稱為「產地商店街」。中川政七商店的電子商務網站，若像選品店的商品般一應俱全，豈不就成為了大型購物商場了，但我們刻意不去「選品」，特徵是讓消費者能選購多元化的商品，不論是充滿設計感或一般實用的商品、價格實惠或高價的商品，全部都能在這裡找到。如此一來，或許就能讓大家認為，這裡是工藝版的亞馬遜或樂天購物網站。

最後，還剩下一項，就是工藝產業中，專業化的徵才平台。雖然我們將工藝品的使用者——顧客，與其他平台做一個明確的區分，但徵才平台是我目前最投注心力的一項主軸。

目前工藝產地面臨人才不足、繼承者處於窘境等迫切課題。工藝製造者經濟上出現困難，在無法感到自豪的情況下製作工藝品，然而實際上，想成為工匠師傅的年輕人仍非常多，但以修業學藝的名義，無法獲得足以維生的薪水，甚至也有人不清楚去何處學習，才能成為工匠師傅，最後只能選擇放棄。

產地不只有工匠師傅的職業而已。例如，大日本市伙伴之一 BAGWORKS，高島茂廣社長準備迎接六十五歲，他一直在尋找自己的後繼人選。我在二〇一一年開始為企業諮詢時，BAGWORKS 的主力產品是業務用皮包，他們的訂單被國外的工廠搶走，經營頓時陷入一片黑暗，看不見未來。當時高島社長表示實在不知所措。

後來，由於提出「工作用的皮包」概念，開發、培養公司的自有品牌，在努力的結果下，現在營收的一半占比，都來自於自有品牌系列「POSTMAN（郵差包）」、「MILKMAN（牛奶包）」、「WIREMAN（電力工程師包）」，業績也向上攀升。不久之後，據聞社長展現「成為世界上最實在的皮包店」氣魄，絕不讓公司結束在自己這一代的手上。

然而，這麼說可能有些失禮，以規模來說，在兵庫縣豐岡市以小本經營的 BAGWORKS 公司若要招募，實際上只能透過政府設立的徵才網站，以機率來看，想找到擁有熟練技術，又能放心將品牌託付的合適人才，可能性實在微乎其微。我聽到這件事情之後，感到坐立難安，畢竟中川政七商店也曾為了徵才問題，吃了好一陣子苦頭，所以高島社長的困境，我非常能感同身受。

於是，我們在中川政七商店的網站上，打出「招募！豐岡的社長」企劃之後，不愧是繼承者的候補，聚集了相當多高素質的應徵者。最後，錄取了其中一位三十歲出頭，擁有獨特且經歷完整的男性，目前以經營者見習的身分，暫時在中川政七商店研修培訓中。

今後，像這樣招募經營人才，都能透過「產地的工作」徵才平台來運作，無論工藝製造商徵才或求職者，只要上這個平台，都可以找到合適人選與工作職缺，我期許平台能夠成為一個互相媒合的網站。

我衷心期盼，工藝製造商組成的協會組織，能以有效方法，解決工藝產業面臨的課題，並結合資訊、電子商務、徵才三項平台，一起發揮強大力量，相信一定能將工藝產地未來的輪廓，描繪得更清楚。

我的英雄願望

「歷史證明，所有的事業都會走向衰退，但是經營者卻無法理解這一點。」

我以客座講師身分受邀至早稻田大學授課時，吉川智教教授說了這句話，讓人留下了深刻印象。雖然我並沒有想過，要讓中川政七商店目前的品牌與經營模式（工藝製造零售系統）永遠存活下來，但再次聽到這番話時，我不禁思考了許多事情。

遊中川已成立三十二年、粋更十四年，兩個品牌都擁有各自的歷史，與工藝製造有著密切關係。今後，中川政七商店也會持續以這種經營模式為核心，成立自己的直營店，銷售自有品牌商品。另一方面，以經營者的角度來看，必須經常去構思新事業。我本來就不擅長防守，屬於攻擊就是最大防禦的思考類型。為了向前跨一步，更接近實現「為日本工藝注入元氣！」的遠景，我下了決心，必須更敏捷、大膽勇敢地加強攻勢。

今年是創業第三百零一年，我們不斷展開第三個致命傳球，也就是為了實現「日本工藝產地協會」與「產地構想」的平台事業。如果能夠透過傳球讓三百個產地生存下來，日本就能稱霸世界，築起工藝大國的地位。

假設一個產地一整年的生產額為十億日元，以這樣的標準規模試算，總生產額一共為三千億日元，以市場的銷售金額來看，粗估計算必須要有七千億日元的市場規模。其中一成若由中川政七商店負擔，我們一年的銷售金額，就得從目前的五十億日元，提高到七百億日元才行。

如果一百億日元的年營業額規模，以目前的事業延伸下去，應該還看得到方向，但如果再繼續擴大，我不得不老實說，那是一個未知的世界。或許做法需要完全與過去不同，或根據情況，由我親自破壞既有的事業，大刀闊斧進行改革。雖然令人期待，卻也感覺恐怖。不過，我不打算放棄任何挑戰。

大家是否曾看過一本描述主角為消防員，曾田正人先生畫的《火線先鋒大吾》這本漫畫呢？主角小時候家裡遭遇火災，當被困住之際，被消防員救出，少年長大後也成為了消防員，跨越重重困難障礙，救了許多人的寶貴性命，這本描述自我成長的故事，自從我在大學時代第一次閱讀之後，只要一有空檔時間，總會不斷反覆閱讀它。

主角的名字是朝比奈大吾，最後以救難隊員身分成為世界知名人物，與另一本同樣是我長期以來喜愛閱讀的漫畫，尾田榮一郎先生的《航海王》比較起來，它的結構非常單純，故事節奏也輕快易懂。無論是學生時代，或是目前經營者的身分，我對《火線先鋒大吾》產生共鳴，時而感到它成為背後的一股力量，從過去到現在都不曾改變。

我自己分析其中原因，在於我懷抱著成為英雄的願望。雖然過去曾隱約感覺，但真正察覺是在企業諮詢開始，看到對方處於嚴峻情況，依然不放棄，想盡辦法繼續向前時，我自己也再次發現，原來自己有著奮不顧身協助對方的個性。

工藝製造商陷入困境，恐怕也會動搖中川政七商店的立足基礎。為了讓事業經營成長，振興日本工藝，我必須繼續企業諮詢的事業，這是無庸置疑真實的一面。

然而，先不管經營事業的策略如何，想幫助困擾的人，確實是存在自己心中的願望。所以，這也是無法對遇到經營瓶頸的工藝製造商棄之不顧，其中的一項原因。總覺得不知為何，只要能看到一線曙光，求助者展開笑容，我就會非常開心，我必須承認，這一點已經超越身為經營者的判斷與意志範圍吧！

因此，我擅自認定，能夠拯救日本工藝的人，只有自己。

為了展現覺悟，落實在實際行動上，二〇一六年十一月，我承襲了「中川政七」名號，以中川淳為名字的舞台，劃下了一個句點，今後將名實相符，我打算一肩扛起中川政七商店的招牌向前突進。我不清楚自己到底要做到什麼程度，才能更接近英雄的形象，但這不是電影，也不是漫畫，而是真實的故事，一切的發展，都掌握在我自己的手上。一想到這裡，我就感到體內一股勇氣油然而生。

總之，我有一項毫無邏輯的安心憑據，為了寫這本書，我整理過去的所有資料，在其中一本筆記本裡，發現最後一頁寫了一段話。

「三十九歲第八個月到四十一歲為止是勞碌命，但結束之後，會有三十年的安泰。」

這是父母親在十年前左右，拿我的生辰八字去算命，將結果抄下來的一段筆記。我平時對占卜完全不感興趣，當時怕父母親嘮叨，於是將這段文字抄寫下來。雖然早已忘記，但在二〇一六年七月，沒有重大過失的情況下，我能夠迎接四十二歲的生日，這一切得歸功於不管幾歲，總是為孩子擔心著想的父母親吧！

收回五十歲退休的宣言

在我七十二歲之前，還有三十年充裕的時間。就像在前面的章節提過，在不久之前，我曾公開表示，自己決定經營中川政七商店到五十歲為止。由於現在一年三百六十五天、一天二十四小時，只為了工藝的事情全力衝刺，我認為有必要在某個地方告一個段落。

我沒有持續經營一輩子的自信，但如果決定做到五十歲，還能夠全力以赴。不過老實說，雖然自己做到五十五歲，甚至六十歲都沒有問題，但當時我認為，決定五十歲退休，是一個非常好的時間點。

然而，一位擔任經營者的前輩經營者對我說了一番話，我決定收回退休宣言，讓我改變心意的就是雪諾必克公司的山井太社長。過去，日本沒有自駕露營的市場，他從頭開始建立，得到日本國內外熱情的愛好者支持，以戶外品牌樹立了自己的地位。從二〇一二年第四季起的短短三年之間，營收就成長了二倍以上。

雪諾必克公司活用地方的優異技術，也在產地從事工藝製造，這與中川政七商店有相同的共通點。為了能在戶外享受沖泡茶葉的樂趣，我們與雪諾必克公司合作，開發戶外用的茶具組，在這樣的因緣際會下，我們在雪諾必克的大本營新潟縣．三條舉辦了大日本市博覽會的脫口秀。

活動當晚，一起用餐的山井社長對我說：「你雖然提出在一百年後，要讓日本成為工藝大國的目標，但你認為時間還有多久？勝負的關鍵不就在這二十年的期間裡嗎？」

假設在這二十年裡，要讓日本的工藝市場，成長到七千億日元的市場規模，其中一成的七百億若由中川政七商店負擔，未來十年的營收，必須要成長到一百億日元，以現在的目標來看，根本無法達成。

既然揚起旗幟，計劃將日本打造為工藝大國，就應該更努力，做好一切準備工作才行。我想問山井社長一個問題，難道有必要冒著風險去經營嗎？誠如前述，我並沒有一味去思考如何提高營收與利潤，我認為，一切都應該有適當合理的標準。但另一方面，山井社長指出的問題，卻猶如一把刀刺中了我的胸懷。

若在五十歲退休，所剩時間只有八年，我實在無法想像，在這麼短的期間內，如何實現工藝大國日本的目標。從外部能冷靜地看到問題，雖然我不想讓別人如此認為，所以一路上才如此拚命，面對日本的工藝問題。不過，顯然我仍需要下更大的決心，傾注全力，朝向遠景目標的實現，不斷向前奔馳。

就這樣，我決定延後退休。

承襲第十三代中川政七名號

二〇一六年十一月，在巨大的春日杉木聳立天際，秋高氣爽的日子裡，我——中川淳承襲了「第十三代中川政七」名號。由於祖父第十一代巖吉、父親第十二代巖雄都沒有繼承名號，因此距第十代承襲名號以來，已有六十年之久。

我們邀請了包括世界知名的 Maison 在內許多店鋪爭相委託設計的片山正通先生，以及我們事業伙伴兼盟友的水野學先生來擔任見證人，在奈良公園的一角，隣接春日大社的能樂大廳，舉行了繼承儀式。

通常我在群眾面前演講，或參加電視節目受訪時，幾乎不太會緊張，但這一天卻非常不同，我穿著不太習慣的傳統服飾——袴，登上了本舞台（中央延伸凸出的舞台稱呼），片山先生與水野先生引言介紹時，我保持跪座敬禮的姿勢，滿懷感謝與感動聆聽著，最後我抬起頭來，感到一陣口乾舌燥。

現場包括了從父親經營的時代就開始來往的客戶，以及我在艱苦奮戰中，拓展事業時遇到的有緣伙伴，加上非常瞭解中川政七商店順遂與波折的奈良故鄉朋友們，大家特別前來這一趟，見證第十三代政七承襲名號的這一刻，就像試探決心一樣，等著我開口說話。我向前望去，看著每一個人的眼神，不可思議的，我感到心中漸漸平靜下來。

「我能夠在這創業三百年，值得紀念的一年，繼承先人們代代守護培育的中川政七名號，我感到至高無上的喜悅，但願能不負政七之名，不僅為日本的工藝注入元氣，還能以復興良奈晒為目標，我將持續精進努力，懇請大家今後給予指導與鞭策，未來也請多多指教。」

順利結束致詞後，我再次體認，自己身上背負著重責大任，內心湧上了一股喜悅。

同一天，位於奈良公園中央位置的浮雲園地裡，舉行了全國五大巡迴展的大日本市博覽會最終場——奈良博覽會，以若草山為背景，在鹿兒們悠閒吃著草的廣場上，搭起了特別設置的帳篷，整齊陳列著奈良縣內製作的工藝品與食品等名產。剛好當時，距離會場附近不遠的奈良國立博物館，正巧舉辦著每年例行的正倉院展——奈良．平安時代的文物，僅在數百公尺的範圍裡，與我們展出現代的奈良文物，形成了古今工藝齊聚一堂的面貌。

事實上，明治時代也曾舉辦過奈良博覽會。以東大寺的回廊為會場，第一次對外公開展出正倉院的文物，據說當時奈良的名產也一起陳列展示。第一屆在明治八年（一八七五年）舉辦，我們想像當時的交通情況，發現令人驚訝的事實，竟然創下了十七萬人蜂擁而至的記錄。之後，一直到明治二十七年（一八九四年）為止，一共舉辦了十八屆。

在名產品的參展名單裡，也有中川政七商店的名字。雖然我不清楚詳細過程，但有可能是第九代政七的時代，以麻織品的和服織布展出。當初在規劃大日本市博覽會時，雖然我還不知道明治時代曾舉辦過奈良博覽會，但事隔一百四十年後，能與正倉院展在同一個時間，舉辦奈良博覽會，我感到這是一種命運的安排。

在沒有人告訴我應該怎麼做的情況下，我提出了「為日本工藝注入元氣！」的遠景，只要能有任何加分效果，我們全都一一挑戰，一路上的累積，以及未來在前方等待的嚴峻考驗，我認為全部都是無可取代的寶物。

我認同人們常說經營者是孤獨的，雖然只有我揮著旗幟，但有許多人能贊同我所提出的大義，並且鼎力相助，例如片山先生、水野先生，以及大日本市的伙伴等志同道合的工藝製造商，還有此時此刻，在各自崗位上，全神貫注執行任務社員們的跟隨，因此，絕非只有我一個人。能夠再次體會這一點，是當我在承襲名號的儀式上，看見了特別從遠方趕來奈良見證的每一個人。

接下來我要說的話，雖然了無新意，但我還是必須說，有了大家的支持才有今天，雖然我仍無法相信走到今年的這一刻，但經過了三百年的漫長歲月，能夠奇蹟似地持續經營，以及幸福的邂逅故鄉奈良，我對這一切表達由衷的感謝。

然而，若一直拘泥於過去，判斷力將會變鈍，動作也會遲緩。今後我會爽快地忘掉三百年的荷重，不被任何事物局限困住，自由地把船向前航行，邁向下一個百年，揚起風帆，勇往直前。

國家圖書館出版品預行編目 (CIP) 資料

讓日本工藝走入下一個百年的設計經營術 / 中川政七作 ; 雷鎮興譯 .
-- 初版 . -- 臺北市 : 行人文化實驗室 , 2019.04
288 面 ; 14.8x21 公分
譯自 : 日本の工芸を元気にする !

ISBN 978-986-83195-5-4 (平裝)

1. 中川政七商店 2. 企業經營 3. 品牌行銷

494 107021613

讓日本工藝走入下一個百年的設計經營術

日本の工芸を元気にする！

作　者：中川政七
譯　者：雷鎮興
總編輯：周易正
責任編輯：楊琇茹
編輯助理：盧品瑜
封面設計：林芷伊
內頁排版：葳豐企業
行銷企劃：郭怡琳、華郁芳、毛志翔
印　刷：沈氏藝術印刷

定　價：420 元
ISBN：978-986-83195-5-4
2019 年 4 月 初版一刷

出版者：行人文化實驗室（行人股份有限公司）
發行人：廖美立
地　址：10563 台北市松山區八德路四段 36 巷 34 號 1 樓
電　話：+886-2- 37652655
傳　真：+886-2- 37652660
網　址：http://flaneur.tw

總經銷：大和書報圖書股份有限公司
電　話：+886-2-8990-2588

NIHON NO KOGEI O GENKI NI SURU!
By Masashichi Nakagawa